記住這 7 種起司，找尋你喜愛的種類吧！

硬質起司

市面上最常見的硬質起司。譽名為「起司之王」的帕瑪森起司，有的甚至重達 40 kg。

（照片提供／ Chesco）

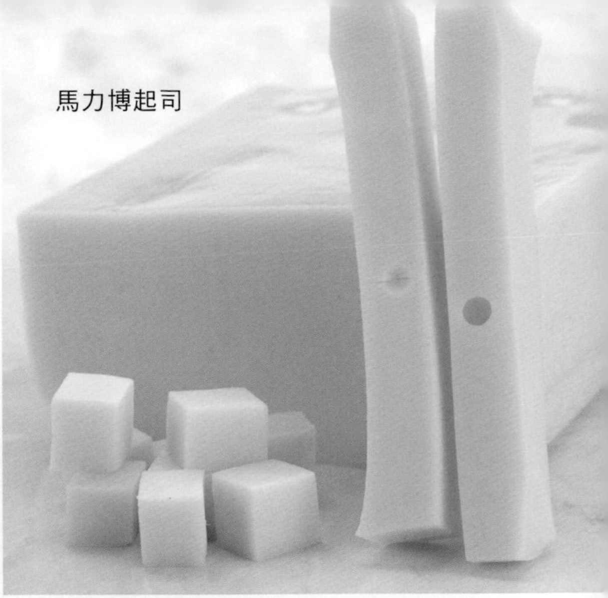

❦ 半硬質起司

種類最多的起司。與硬質起司的區別標準其實不在「硬度」，詳情請看本文。

❦ 白黴起司

偶然間滋生的黴菌竟然能如此魅惑人心。其中亦包含了在維也納會議的品評會上，獲得最高票的莫城布利起司。

❦ 新鮮起司

七種起司中唯一未經熟成的起司。可以品嚐到香醇的鮮乳風味，最具代表性的為融化於披薩上的莫查列拉起司。

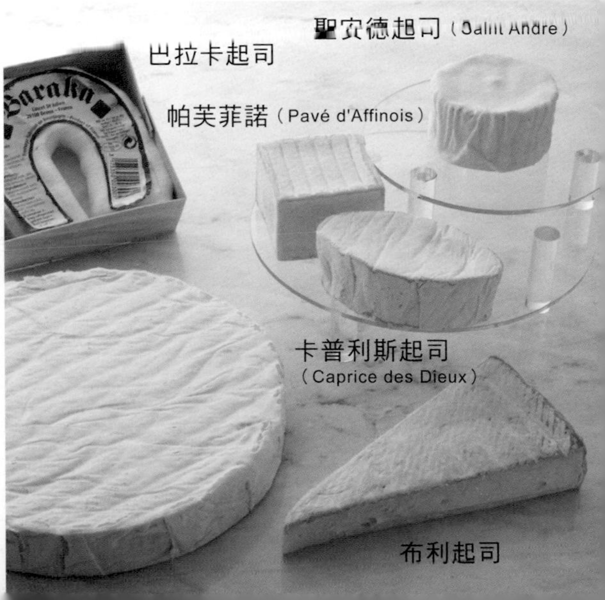

藍黴起司

風味及香味比白黴起司還要濃郁。「世界三大藍起司」產地之一的洛克福，至今依舊在洞穴中製造起司。

歐布爾起司

以非牛乳的原料乳製成的起司當中，唯一使用山羊乳的類型，因此而獨立為一個分類。以強烈的香味為特色。

洗皮起司

讓類似納豆菌的菌類在表面增殖後，一邊以鹽水與地酒洗浸、製作的起司。每一種的香味都十分濃郁。

起司的科學

起司為何可以變化自如？
了解起司的發酵熟成與美味的祕密

齋藤忠夫◎著
何姵儀◎譯

晨星出版

前言

聽到「起司」這兩個字時，大家第一個想到的是什麼呢？

是學校營養午餐經常出現的三角形加工起司？還是百貨公司地下食品賣場常見的又硬又圓的起司？應該也有人聯想到撒在義大利麵上的起司粉、披薩上融化牽絲的起司，或是加在番茄上的起司片。而既然都談到起司了，真正懂起司的人一定會想到，出現在套餐最後、與餐後酒一起享用的藍起司與卡門貝爾起司；此外，（雖然是少數派）應該也有人會聯想到奶油起司，或者是用手撕成條狀吃的條狀起司。

這麼一想，我們可以發現每個人對起司的印象其實大不相同。因為起司的種類是如此的豐富多樣。且在地球上為數眾多的食品中，擁有這種可以變換自如的「能力」的，可能就只有起司了。

加熱後變得濃稠綿密的獨特口感，是起司的魅力之一，起司可能是世界上唯一一樣加熱後蛋白質會融化的食品。而可以用手輕鬆撕成條狀的特色，也是來自於起司獨特的蛋白質構造。

另一方面，經常可以聽到起司有益健康的說法。我們都知道起司是發酵食品，發酵食品除了美味之外對身體也有許多好處，實用性可說是不容小覷。而其原因在於，作為起司原料使用的乳類其結構與成分特徵。

關於乳類，我常說是**「為了誕生於世的幼體，所生合成的唯一的天然食品」**。平時出現在我們餐桌上的肉類與蛋類都是不錯的高蛋白食品，但這些最初並不是作為食品而被創造出來的，並非與生俱來的食物。相形之下，乳類卻是哺乳動物的母親為初生的孩子於乳線細胞中所合成的，因此以乳類為原料的起司，可說是一種充滿哺乳動物智慧的食品。

現今的日本，在全世界已經是排名第一的超高齡化社會。希望生活在超高齡社會的日本人平時能多吃一些起司，因為起司，可說是能解決日本人目前所面臨的「骨質疏鬆症」與「肌少症」這兩大問題的潛力食品。其實起司的功能性相當出色，例如最近就發現，起司裡所含的鈣質能有效修復因蛀牙而形成的脫鈣部位（蛀牙牙洞）。

而本書，旨在利用「科學」這把刀將起司切剖開，一窺那些起司所擁有、但未見於其他食品的特性。我發現，市面上雖然有很多美食家烹調起司的世界料理書、或是介紹如何搭配起司與葡萄酒這類的書籍；但在日本，卻完全找不到相關書籍能站在科學的觀點，用淺顯易懂的方式說明起司的特徵與魅力。我希望能有更多人了解起司的「原理」與「構造」，並將書中有趣的內容當作香料，讓起司品嚐起來更加美味、吃得更健康。為此，我打算以簡單明瞭的方式、紮實豐富的內容，逐一從起司的種類、製造方法，解說其在營養學上的特徵與功能性，以及起司最尖端的研究動向等。

另一方面，起司也是與文化歷史關係密切的食品。日本人正式食用起司的歷史不過一百年，不過起司的起源卻可追溯至西亞的乳類文明。在以此為據點傳播至世界各國的過程中，民族的榮耀與飲食文化的歷史也深深地刻印在其中。因此本書也會從另一個角度、穿插介紹與起司有關的故事與趣聞。

為了不讓起司變成一個艱澀的話題，這方面我下了不少苦心。我在大學有一門課叫做「乳類科學」，一整年的課程結束前，我一定會請學生嚐嚐來自世界各地的起司，這個活動深受好評。我深深地體會到，所謂的「食物的原點」，其實不須言語贅述，就是「先嚐一口看看」。每個人對於起司的喜好各有不同，不過每年一定會出現幾位吃到藍起司之後，好像「這輩子從未吃過這麼好吃的東西」而雙眼閃閃發亮的學生。為了讓學生們之後能早日找到自己喜歡的起司，這項企劃也會年年持續下去。

基於上述種種原因，我希望大家能夠多吃一些起司。無奈現在日本每人平均一年只吃掉2.2kg的起司（國際酪農聯盟２０１４年的資料），換算下來一天不過６g；而且當中有85％的人把起司當作「餐桌起司（點心）」來吃，平時在家煮菜也幾乎不會用到起司。雖然常聽大家說，日本人非常懂得接收、並結合自身的生活來發展外來的飲食文化，但是對於起司，在客製化這方面可以說才剛開始而已。

聽說世界上有超過一千種的起司，即使一天吃一種，也要3年的時間才吃得完。如果可以的話，我自己會想試試這種「天天有起司」的生活3年。為了讓人生更加精彩，希望大家能夠多認識世界上豐富的起司種類，並在生活中多加品嚐。

在此誠心希望拿到這本書的讀者，能夠和我一起在科學的世界裡遨遊、探索起司的魅力，並早日遇到足以成為生命伴侶的美味起司。身為作者的我，除此之外就別無所求了。

《起司的科學》目錄

第II部 製作起司的科學 81

第4章 牛奶成分的科學 86

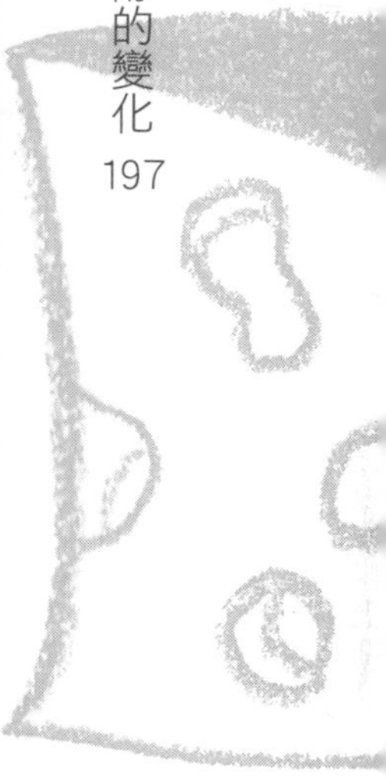

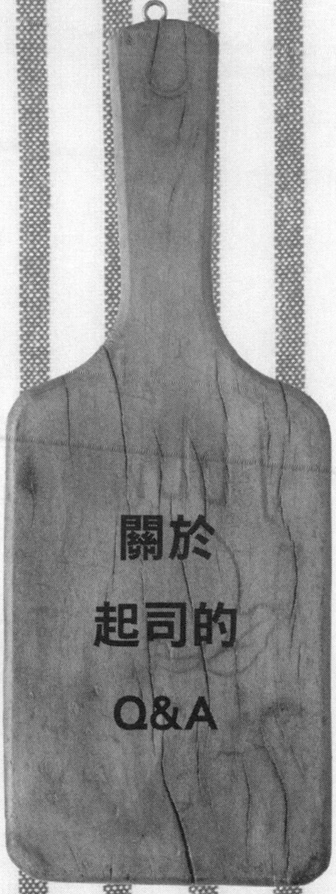

關於起司的Q&A

——回到前言

現在的百貨公司與超市的食品賣場裡，都有著種類繁多、琳瑯滿目的起司，甚至還有專門在網路上販售起司的公司，讓人們不用出家門就能輕鬆購買、品嚐到世界知名品牌的當季起司。但即便是愛吃披薩與起司漢堡的日本人，熟知各種起司特色與風味的人並不多。

正因如此，人們對於起司有許多疑問。在此，本書要先替大家回答幾個有關起司的代表性問題。

而想要直接深入了解詳細知識的人，不妨跳過這一章，先翻開有興趣的地方閱讀吧。

Q1 世界上產量最多的起司是？

世界上產量最多的是「切達起司」（Cheddar Cheese），原因與英國昔日的「國力」有關。在過去，英國是號稱「統治七大洋」的泱泱大國，而切達起司正是英國最具代表性的起司。英國統治的每個國家都會（被迫？）生產切達起司，所以才使得切達起司得以流傳於世界各地，及至今日。

世界各地生產的切達起司種類琳瑯滿目。大家或許看過紅切達起司（Red Cheddar Cheese）這種鮮豔亮麗的橘色起司。為了著色，裡頭用了少量可以食用的婀娜多色素（annatto，又稱胭脂樹紅色素，是用胭脂樹種子外皮萃取而成的色素）。染色之後，起司的黃色色調隨著熟成會越來越深，而橘色正是讓人看了會垂涎欲滴的顏色。但就整體而言，特地將起司染色的情況其實不常見。

荷蘭在過去也是海上強國，江戶時代處於鎖國的日本就曾在長崎的出島與荷蘭人交易，因此第一個進入日本的西歐起司，就是荷蘭特產的高達起司（Gouda Cheese）。（請見第1章）

Q2 有「起司之王」稱謂的是？

因《會議在跳舞》（The Congress Dances，導演Erik Charell）這部奧地利電影而聞名的維也納會議（1814年），是拿破崙戰爭結束後，歐洲各國為了重整秩序與分割領土所舉行的會議。但如同「會議在跳舞，卻毫無進展」（The Congress dances, but it does not progress.）這句名言所述，當時各國之間的利害關係相互對立，諸項議事根本毫無進展，於是眾人只好隨著音樂起舞、打發時間（圖1）。

此時用來消磨時間的其中一項遊戲，就是決定「『起司之王』的稱號究竟屬於哪個國家的何種起司？」為此，各國大使紛紛從自國帶來引以為傲的起司，舉辦了一場起司品評會。投票結果，從超過六十種的起司中獲得全場人士一致認同並授予「起司之王」的，是主辦國法國的白黴類起司——「莫城布利起司」（Brie de Meaux Cheese）（圖

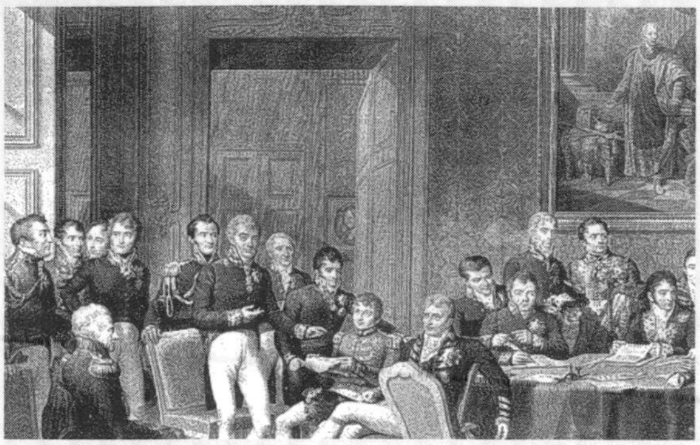

圖1　維也納會議

2）。的確，這種起司因熟成散發出來的獨特風味與芳香，贏得「王」的尊榮可說是實至名歸。（請見第2章）

圖2　莫城布利起司

Q3 世界三大藍起司是？

松露、鵝肝醬、魚子醬是舉世聞名的「世界三大珍饈」，而在起司的世界中，當然也有各式各樣的排行榜，其中最有名的就是「世界三大藍起司」。藍起司在熟成之際，會連同乳酸菌一同摻入對人體無害的藍黴，滋味比新鮮起司還要香醇濃郁，適合喜歡起司味道強烈刺激的人。

名列世界三大藍起司的有英國的斯蒂爾頓起司（Stilton Cheese）、義大利的古岡左拉起司（Gorgonzola Cheese），以及法國的洛克福起司（Roquefort Cheese）。其中的斯蒂爾頓起司與古岡左拉起司是用牛乳做成的，洛克福起司則是以羊乳為原料乳。

然而在西歐各國當地，並沒有「世界三大藍起司」的這種說法。看來這應該是日本人所制定，而且是只有日本人才知道的排行榜。（請見第2章）

Q4 天然起司與加工起司的差別是？

天然起司正如其名，乳酸菌會在自然的狀態下活動，使得滋味與香味隨著時間產生變化，可說是一種「活菌起司」。全世界有1000種以上的天然起司，製成後可以立即食用的是「新鮮起司」，須經過熟成後再食用的則是「熟成起司」。

另一方面，日本人生活中最常見的，就是中小學營養午餐也會提供的加工起司（圖3）。這種起司是以天然起司為原料，加入磷酸鹽，經加熱、融解等過程後再冷卻凝固所製成的起司，據說是在1911年由瑞士首創。第二次世界大戰期間，為了回應戰場上的士兵想吃起司的要求，故在軍中伙食中增加了這道食材，才使得加工起司普傳開來。

若說天然起司是含有天然乳酸菌、能美味品嚐的起司，那加工起司就是重視保存與攜帶方便性。（請見第2章）

圖3　經典的加工起司「雪印6P圓盒起司」

圖4　在洛克福洞穴裡製造的藍起司

Q5 起司上的白黴與藍黴吃了安全嗎？

只要利用乳酸菌並經長時間熟成，就能製成美味的起司。但人類是一種充滿冒險心的生物，人們發現起司若是借助乳酸菌以外的黴菌來熟成，就能製造出前所未有的風味。這在最初應該是偶然吃下了不慎發霉的起司而來的。剛才所提到的藍起司，裡頭添加的就是藍黴，而知名產地之一的洛克福（法國），直至今日依舊遵循著古法在洞穴中製造藍起司。就讓我娓娓道出這種起司的由來（圖4）吧。

製作起司時所用的白黴與藍黴，都是製造知名抗生素盤尼西林時用的青黴菌

（Penicillium），屬於可食用的黴菌，因此就算吃下肚也不會有問題。

某次，我舉辦了一場以起司為主題的演講，結束時有人這麼提問：「我是過敏體質，對盤尼西林會出現過敏反應，請問這樣還能夠食用添加青黴菌熟成的黴菌類起司嗎？」

由於黴菌類起司裡添加的黴菌，與製造盤尼西林時所使用的黴菌種類其實完全不同，所以大家可以安心食用，不須顧慮。（請見第7章）

Q6 起司也有「眼睛」？

沒錯，有一種起司會出現名為「起司眼」（cheese eye）的眼睛，那就是原產於瑞士的埃文達起司（Emmental Cheese）（圖5）。這裡所說的「眼睛」，其實是起司上的大孔洞，起司上如果均勻地出現漂亮的圓孔，就代表起司製作得非常成功，因此起司眼可以說是起司美味與否的指標。

圖5　埃文達起司

埃文達起司的製作方式非常特別，是採用「丙酸桿菌」熟成後製成的。這種菌所產生的碳酸氣（CO_2）會在起司的組織中形成許多孔洞。像我喜歡的美國卡通《湯姆與傑利》裡頭，老鼠傑利最喜歡的就是這種起司。孩提時的我，還一直以為世上的起司都像這樣有很多孔洞。（請見第8章）

Q7 吃起司會發胖嗎？

起司的成分扣除掉水分之後，剩下有一半是蛋白質，另一半是脂肪。乍聽之下，會讓人覺得起司是一種吃了會發胖的食品，但其實起司脂肪的來源是原料乳的乳脂肪。乳脂肪裡含有一種在動物性脂肪當中極為罕見的揮發性脂肪酸（VFA, volatile fatty acid）——「酪酸」，能有效控制體脂肪的囤積、使人不易發胖。不僅如此，起司裡還含有豐富的維他命B_2能促進體內脂肪燃燒，具有預防肥胖的效果；而含量極高的鈣質也同樣能預防脂肪囤積，可見減肥時起司算是相當出色的食品。另外，起司裡頭還有胜肽（由胺基酸鍵結而成的生物分子）這種可以阻擋人體吸收膽固醇的成分，只要酌量攝取，就能有效預防生活習慣病。（請見第10章）

Q8 吃起司會血壓上升？

導致血壓上升的成分是食鹽（NaCl）。起司往往會讓人覺得鹽分含量高，但其實裡頭的鹽分出奇地少。即便是含量最高的藍起司也不超過4.5%，而其中含量最少的則是埃文達起司，只有1.5%。因此與其他食品相比，起司的鹽分其實不多。

另一方面，漸漸熟成的起司還含有不少可以降低血壓的胜肽（降血壓胜肽，antihypertensive peptides），經腸胃吸收之後能有效降低血壓，因此食用起司通常不太會讓血壓高升。（請見第10章）

Q9 起司可以預防蛀牙？

起司與蛀牙（專業用語是「齲齒」）的關係，在日本恐怕鮮為人知。

從前，人們一直以為是因為食用起司時會刺激唾液分泌、洗淨口腔的雜菌，所以才能有效預防蛀牙。但是最近的研究報告指出，起司裡所含的磷酸鈣能夠填補蛀牙所造成的孔洞，甚至中和起司乳蛋白的酸，所以才能發揮預防蛀牙的效果。

世界衛生組織（WHO）將硬質起司預防蛀牙的效果，與無糖口香糖並列在一起，歸類在了「probable」（可能性極高）這個項目之下。話雖如此，這並不代表可以不用刷牙，請勿放大評論。（請見第10章）

Q10 「硬質起司」與「半硬質起司」的差別？

天然起司還可以分為好幾種類別，其中一種就是「硬質」與「半硬質」。這個名稱往往會讓人誤以為是代表起司的「硬度」，但其實這兩者的差異並不在此！關於這一點，市面上大多數的書籍都沒有好好解釋清楚。

製造起司時，會先用酵素讓原料乳凝固成「凝乳」，將其切成骰子狀的「起司凝塊」（curd）後，再用緩慢加溫的方式將起司凝塊釋出的乳清（whey）濾除。起司凝塊在乳清中會再次凝結成塊，而有沒有在這段過程中加熱超過45℃，正是硬質起司與半硬質起司的差別。

因此不管起司變得有多硬，沒有經過加熱的一律歸類為半硬質起司。像是荷蘭最有名的高達起司、埃德姆起司（Edam Cheese），因為熟成時間長，質地變得相當硬，但在最後階段並沒有將起司凝塊加熱至45℃以上，因此被歸類在半硬質起司下。但是日本在採用這個法國的分類法時，並沒有讓大眾正確了解其中緣由，所以才會出現用水分含量來區分半硬質起司與硬質起司的錯誤觀念。（請見第2章）

I

認識起司

第1章 偶然誕生的起司

首先讓我們來回顧一下起司是如何誕生、進化的。站在歷史的角度來看，起司其實是一種非常獨特的食物。

了解以乳類為原料的起司歷史，便是認識「乳類與人類的歷史」，同時也能思考人類與野生動物間的關係。乳類對於哺乳動物的後代而言，是生存時不可或缺的重要營養來源；而採集部分的乳類，製作出可口美味、適於保存的食品，這恐怕只有人類才做得到。一旦食用了家畜的肉，家畜就會永久消失；但善用擠出的乳類卻是開創了一個全新的模式，讓人類能與家畜長期共存。

不僅如此，人類還藉由微生物的發酵與熟成這些作用，讓乳類變成品質更佳的食物。可見起司的歷史不僅僅是人類、家畜以及微生物的共處歷史，更是橫跨至今，使人類獲得了更加穩定生活的現代歷史。

8000年前始於西亞的起司

起司在加工食品當中是歷史最為悠久的食品之一。至於起源，應該是從人類馴養野生動物作為「家畜」飼養之後，開始擠乳的這個時期開始的。帶廣畜產大學（北海道）的副教授平田昌弘提到，關於野生動物家畜化的時期眾說紛紜，但應可追溯至西元前８５００年左右，相當久遠。同樣地，野生動物家畜化之後，人類開始擠乳的時期也是眾說紛紜，但最起碼可以回溯至西元前７０００年左右（《歐亞大陸的飲乳文化論》）。因此我們可以推測，製作起司這件事約始於８０００年前。

想要穩定得到乳類這項原料，勢必要將哺乳動物（羊或牛）「家畜化」。據推測，最初將此付諸行動並開始穩定擠乳的應該是西亞（中東）地區，由此不難推斷起司的製作應該也是以此為發祥地。

有關最早的起司由來眾說紛紜，而下列這則逸聞，是其中最有名的一則：

「阿拉伯的行商人騎著駱駝想要橫渡沙漠旅行，於是將乳汁填入曬乾的羊胃做成的水壺裡。正當一天的旅程結束，準備打開水壺潤喉時，卻發現裡頭的乳汁分離成透明的液體

與柔軟的白色凝塊。於是他喝下了透明的汁液潤喉，吃下柔軟的白色凝塊果腹。」

姑且不論這個故事的真偽，這樣的場景簡直歷歷在目。起司的製作確實有可能始於日常生活中的偶然發現與驚奇。既然如此，我們不妨從科學的觀點來思考一下，被當做水壺來使用的羊胃袋裡頭，究竟發生了什麼事。

首先，胃的組織會分泌出一種讓乳類凝固的特別酵素（也就是之後會提到的「凝乳酶」〔chymosin〕，是一種可以分解蛋白質的凝乳酵素）。日照之下，太陽熱將乳類與酵素加溫至適當溫度，酵素於是慢慢產生反應，使得乳類凝固；不僅如此，駱駝走動所引起的晃動，應該是讓乳類分離成液體與固體的原因。雖然我們無法從這則故事當中了解真正的起源，但起司或許就是像這樣在百姓的日常生活中，被人類偶然發現的食品。真是一項偉大的發現。

穿過沙漠四處交易的阿拉伯商人，應該是出現在西元前十三至十二世紀左右，倘若「阿拉伯商人起源說」正確無誤的話，那真正製作起司應該就是西元前十三世紀後的事了。

傳遍全世界的三條途徑

那麼，起司在西亞誕生之後，又是經過什麼樣的途徑傳遍全世界的呢？大谷元（信州大學名譽教授）認為起司的製造技術，應該是透過以下這「三條途徑」在世界上流傳開來的（《現代起司學》）。

（1）從西亞到蒙古

一般認為，是西亞的行商人將製造起司的方法帶到蒙古地區。但如前所述，這個地方並不是用酵素讓起司凝固，而是用獨特的方法來製作起司：利用乳酸菌讓乳類發酵，再加熱讓裡頭的蛋白質凝固、分離。這種乾燥型態的起司，製作方式之所以與追求美味的西歐型起司不同，目的是為了讓容易腐壞的乳類迅速凝固、以便長期保存，故又稱為東方起司。

這種起司最大的特徵就是「日曬乾燥」。例如蒙古最有名的硬質起司「河羅特起司」（khuruud），就是將乳蛋白質整個曬得又乾又硬的凝固乾燥物。筆者曾經嚐過幾口，但因為這種起司沒有經過熟成，味道一點也不香醇，坦白說稱不上好吃，畢竟這是以儲藏乳類為目的而製作的。

（2）從西亞到印度、西藏

起司的製作方式也傳到了印度與西藏。不過今日流傳的製作方式與西方類起司間有所區別。印度的主要宗教為印度教，視牛為神聖的生物，絕對不可取其性命，因此印度人並不採用後述為了取得酵素來凝乳而犧牲小牛的手段，而是採用別的方法讓乳類凝固。

他們主要利用加熱或添加酸性物質，以及植物性酵素這兩大方法來讓乳類凝固。例如印度最有名的「北印起司」（Paneer Cheese）與「奶豆腐」（chhena）即是利用酸讓乳類凝結成塊的。

另外，位在山岳地帶的西藏則是以「氂牛乾酪」（chhurpi）而聞名。也就是適合生存於高地的氂牛所生產的乳類，經乳酸發酵後再加熱製成的起司。

（3）從西亞到希臘、義大利

起司的製作方式也流傳到了亞洲以西的歐洲。據說世界上現存最古老的起司，是希臘的菲達起司（Feta Cheese），再來是義大利的佩克里諾羅馬諾起司（Pecorino Romano Cheese）與法國的洛克福起司，每一種都有相當悠久的歷史。

歐洲製作的起司，特色就是犧牲小牛的性命取得第四個胃分泌的「凝乳酵素」（rennet）這種可凝固乳類的酵素。如同剛才提到的阿拉伯行商人的故事，西亞會利用羊胃分泌的酵素來凝固乳類；但此方法流傳到歐洲之後，人們便改用可以取得更多酵素的小牛胃來製造起司。

據推測，第一個被人類家畜化並馴養的動物，應該是個性溫和、容易飼養的綿羊與山羊。因此剛開始用來製作起司的原料，應為綿羊或山羊乳；至於用牛乳製造的起司恐怕是更久之後才誕生的。而牛乳起司當中歷史最悠久的，是法國的康塔爾起司（Cantal Cheese）與義大利的帕瑪森起司（Parmigiano Reggiano Cheese）。

在思考起司的傳播途徑與製造方法的相關歷史時，只要將焦點放在讓乳類凝固的方法上，應該就能比較容易理解。

圖1-1　還原重現「酥」的模樣

始於「明治時代」的日本起司史

日本文獻第一次出現可以稱為「起司」的食品是在六世紀半的時候，那就是隨著佛教從朝鮮半島的百濟傳來的「酥」（圖1-1）。酥是堪稱起司原型的食物，當時人們視其為可以養顏美容、促進健康的珍貴無比的靈藥，只有朝廷貴族能夠品嚐。到了七世紀的飛鳥時代，在任的天皇曾命向諸國國司獻上酥，可見到了武士漸漸抬頭的平安末年這六百年間，酥是各地專為貴族製造的高級食材。但對於老百姓而言，是高不可攀的珍貴食品，因此尚未深入民眾生活中。另外，八世紀的奈良時代除了酥，還從中國傳來相當於優格與奶油的「酪」與「醍醐」。

之後，武家政權誕生，朝廷日漸衰退，日本的起司製造歷史陷入停滯不前的窘境之中。直到十七世紀的江戶時代，鎖國政策之下的唯一通商國荷蘭，向江戶幕府獻上了以長期熟成而聞名的半硬質起司——「高達起司」。

而日本重新製作起司，已經是十九世紀明治維新以後的事了，地點是在開拓時期的北海道。在歐洲，修道院等宗教設施在推廣起司上扮演者舉足輕重的角色，而這些設施也以民間的力量，將製作起司的方式帶進日本。像是1896（明治29）年特拉皮斯修道院在函館成立後，十幾位來自法國的修道士便動手開墾原野、展開農耕與畜牧，著手製造乳製品。1904（明治37）年製造的高達系列起司，主要販賣給生活在北海道的外國人；同年，同樣位在函館的特拉皮斯汀女子修道院也開始製造、販售磚形起司塊（Brick Cheese）與鮮奶油等起司。這就是日本天然起司的製造由來。至於北海道起司製造的變遷，可以參考吉川雅子調查內容十分齊全的著作——《北海道起司工房巡禮》（北海道チーズ工房めぐり）。

1876（明治9）年，札幌農學校（今日的北海道大學）聘請美國知名的教育家威廉・史密斯・克拉克（William Smith Clark）為教務主任兼農場長。而北海道的酪農業，以札幌農學校的第二屆畢業生──町村金彌為中心人物開始發展起來。町村一畢業，便在真駒內牧場學習製造奶油與起司的方法，並於1926（大正15）年與上門前來的宇都宮仙太郎及其女婿出納陽一（致力於推進丹麥農業者）攜手合作，正式利用自家牧場的牛乳來製造起司。1932（昭和7）年還以「風車印」為商標，著手販賣起司。町村的三女明子，回想起那段日子說道：「做好的起司由母親負責捆包，並準備送往東京銀座二幸與札幌五番館，這些往事依舊記憶猶新、歷歷在目。」當時風車印的起司是真正在日本生產、獨一無二的國產品，而且還與進口品同起同坐，作為高級品陳列在架上。

日本起司的後續發展

接下來，讓我們試著區別出民間與政府這兩個層面，來探討日本起司的發展。

談到民間層面，1926（昭和元）年北海道製酪販賣連合會（以下稱酪連）取得「雪印」這個商標之後，於1933（昭和8）年在安平村（現為早來町）遠淺地區正式建設專門生產天然起司的起司工廠。雪印從1928（昭和3）年開始，試著在這家工廠

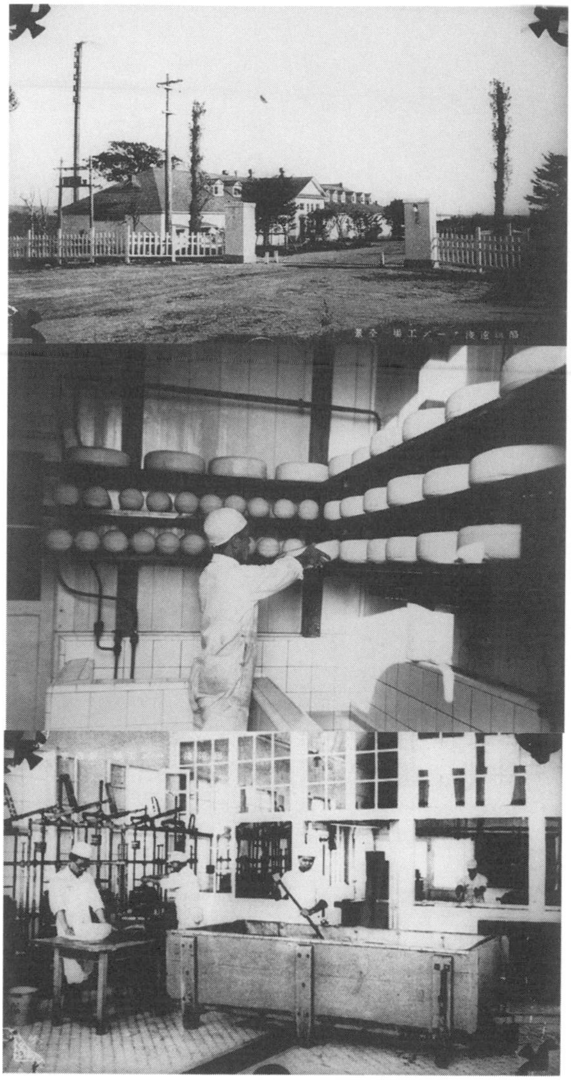

圖1-2　北海道安平村（當時）設於遠淺的雪印遠淺起司工廠
上：工廠全景
中：將高達起司瀝乾，準備加鹽醃漬
下：倒入原料乳、馬口鐵打製的起司桶
（均為雪印MEGMILK提供）

生產高達起司與埃德姆起司，無奈當時的物流條件、保存環境等問題無法拉長天然起司的保存期限，只得將生產路線變更為保存時間較久的加工起司。從留下來的珍貴照片中，可看到當時的工廠與製造場景的模樣（圖1-2）。

1937（昭和12）年，雪印成為年產225公噸、規模堪稱東洋第一的起司工廠，正式以民間企業的身分製造起司，讓加工起司在日本國內流傳開來，同時還促進了日本人的乳製品攝取量增加，貢獻不容小覷。

國家方面，1876（明治9）年政府開辦札幌農學校，聘請了美國的艾德溫・唐（Edwin Dun）到七重官園（之後的北海道開發廳七重勸業試驗場）擔任畜牧指導人。除了引進、飼養乳牛，艾德溫・唐還指導了乳製品的加工法，並在此處試做起司，不久後便正式進入製造。艾德溫・唐之後又在札幌的真駒內創辦真駒內種畜場（即上述町村工作的牧場），並開始製造奶油與起司。參加1877（明治10）年舉辦的「第一屆內國勸業博覽會」時，艾德溫・唐就是帶著自己生產的起司參展的。

因為這位美國技師的盡心盡力，由國家帶領的起司製造業在北海道揭開了序幕。

正式的起司製造始於明治時代，與以往的酥不同，因為這是日本史上首次使用可以凝固乳類的酵素來製造天然起司。日本剛開始製造起司時，參考的是荷蘭高達系列起司的製法，現今以日本乳業製造商為前身的公司與合作社，在當時所試做的起司也幾乎都是高達類。在其之後約100年，日本才終於進入一般家庭也能隨時享用高達起司的時代。

1920年開始製造的加工起司，於1963（昭和38）年正式出現在學校的營養午餐中。另一方面，在1951（昭和26）年時，天然起司不僅可以自由從國外進口至日本，1964（昭和39）年開始甚至還利用空運讓起司在日本國內漸漸普及。尤其學校營養午餐中提供的加工起司與優格，在解決孩童缺鈣的問題上貢獻不小。

另外，如前所述，加工起司因出現在軍中伙食而日益普及。現在加工起司產量較多的國家有美國與德國，但是普及率卻不及日本，因為對這些國家而言，所謂的起司就是天然起司，也沒有人會特地加上「天然」兩字來稱呼。但是對於學校營養午餐裡會提供加工起司的日本而言，普遍認為起司＝加工起司，因此才會刻意利用稱呼將天然與加工這兩種起司劃分開來。

第２章 世界起司簡介

現今全世界生產的起司不計其數，本書接下來也會介紹各式各樣的起司。但在進入正題之前，我們要先向大家說明起司有什麼樣的種類、以及如何分類。雖然無法一一列出種類琳瑯滿目的起司，但是最起碼可以網羅最具代表性的幾種。在之後的章節若是不知在談何種起司時，只要回到這個章節便可以一目了然。

歷史孕育的千種起司與七種分類

目前世界上起司的正確數量雖然仍不明，但種類至少超過１０００種。其中法國是公認起司種類最多的國家，據說至少有４００種，是名副其實的起司大國，種類之繁多幾乎是「一個村子就有一種起司」。至於原因，應該與這個國家的水土氣候變化多端有關。另外，義大利的起司也超過３００種，就連荷蘭也有至少１８０種的起司。在這些起司中產量榮登世界之首的，就是Q＆A的Q1中所提到的，以英國為發祥地的切達起司。

有關起司的分類方法琳瑯滿目，包含使用的乳類種類、使用的微生物種類、起司凝塊的製作方法，以及熟成的有無等等，各有不同的分類原則。基準為何，視分類方法而定，因此要將起司分門別類其實是一件相當困難的事。

舉例來說，我們可以依生產原料乳的哺乳類動物來分類。起司的主要成分是蛋白質，因此泌乳量多、乳汁含有高蛋白質的牛、山羊或綿羊乳可說是製作起司的不二選擇。

全世界飼養頭數最多的乳牛，是以德國與荷蘭為原產地的「荷蘭牛」（Holstein-Friesian）。這種牛體型大、乳量多，是日本普遍飼養的乳牛，平均每年可以生產超過8500公升的原乳，其中還有不少全年原乳產量超過一萬公升、品質優秀的「超級乳牛」。這種牛不僅乳量多，蛋白質含量更是豐富，用來製作起司再適合不過了。

不過也有不少乳牛的乳蛋白含量遠勝過荷蘭牛，例如知名的娟姍牛、瑞士黃牛與愛爾夏牛等。當然，這些牛所生產的原乳都可以用來製作起司。

除了牛乳，山羊乳與綿羊乳也能用來製作起司。其中法國的山羊乳起司以種類繁多而聞名，都被歸類在「歇布爾起司」（Chevre Cheese）這個類別下。另外，義大利的佩克里諾羊乳起司（Pecorino Cheese）等綿羊乳起司的知名度亦頗高。

有的國家還會使用其他動物的乳類來製作起司，像是西藏與蒙古等山岳地帶就會使用馬乳與氂牛乳（東方類起司），有的地方還使用駱駝與馴鹿乳。話雖如此，現在全世界的市場中最常出現的，還是牛乳、山羊乳與綿羊乳製成的起司。

法國與日本的起司分類法

接下來讓我們看看世界上起司種類最多的法國是怎麼分類的，共分為以下六種：

❶新鮮起司（非熟成）
❷柔軟起司（表面有長白黴的、表皮洗淨的、自然的）
❸歐布爾起司（山羊乳）
❹荷蘭芹紋路的質地（藍黴）
❺壓榨過的質地（非加熱）
❻壓榨過的質地（加熱）

看來法國主要是以「起司的質地」狀態為分類基準。

另一方面，日本的起司專業協會（CPA，Cheese Professional Association）則是參考法國的方式，將起司分為下列七種：

①新鮮起司（非熟成）
②半硬質起司（非加熱壓榨）
③硬質起司（加熱壓榨）
④白黴起司（軟質）
⑤藍黴起司（軟質）
⑥羊乳起司（山羊乳）
⑦洗皮起司（表皮洗淨）

日本首先將天然起司大致分為「新鮮起司（非熟成）」（①）與「熟成起司」（②～⑦）這兩大類。

新鮮起司是讓原料乳在短時間內進行乳酸發酵後，經過凝固、熟成這兩個過程製成的；另一方面，熟成起司則是將起司凝塊置於濕度較高的熟成庫裡熟成而來。簡單來說，新鮮起司是可以立即食用的起司，而熟成起司則是要經過最少一個月以上才能夠食用。

新鮮起司與熟成起司

接下來讓我們針對這兩者的差異稍加說明吧。

新鮮起司充滿了爽口水潤的鮮乳風味。大家熟知的新鮮起司有茅屋起司（Cottage Cheese）、奶油起司（Cream Cheese）、菲達起司、白起司（Fromage Blanc Cheese）、馬斯卡彭起司（Mascarpone Cheese）、莫查列拉起司（Mozzarella Cheese）、北印起司，以及夸克起司（Quark Cheese）等。

像莫查列拉起司是義大利代表的新鮮起司，除了是瑪格麗特披薩這道拿玻里知名美食不可或缺的食材，同時也是番茄起司沙拉（Insalata di Caprese）這道組合了鮮紅蕃茄與翠綠羅勒葉、色彩繽紛亮麗沙拉的必備食材。其實真正的莫查列拉起司應該以水牛乳為原料，不過最近市面上較常見到以牛乳製成的起司。

其他像馬斯卡彭起司，是提拉米蘇的原料；白起司、夸克起司是口感類似優格的起司，前者在法國經常出現在營養午餐裡，後者在德國則佔了近一半的起司產量；至於茅屋起司與奶油起司，則是美國人早餐餐桌上一定會出現的新鮮起司。

另一方面，熟成起司則可依據在熟成這段期間活躍的微生物種類來分類。也就是說，可分為只用乳酸菌的起司（日本分類中的②③）、乳酸菌與白黴兩者並用的起司（④），以及乳酸菌與藍黴並用的起司（⑤）。

光靠乳酸菌就能夠產生無數的風味，但如果在這裡添加一些蛋白質分解能力高的白黴來促進發酵，即使沒有加熱，依舊能夠製造出組織濃稠滑順的起司，例如大家熟悉的卡門貝爾起司（Camembert Cheese）與布利起司（Brie Cheese）。

另外，藍黴則會釋出大量可以強力分解乳脂肪的酵素——「脂酶」（lipase）。只要添加這種脂肪分解酵素讓起司裡的脂肪充分分解，使脂肪酸與其他成分產生反應，隨著熟成的時間越久起司的滋味就會越濃郁。而最知名的，就是先前介紹的三大藍起司。

除了乳酸菌外，有的起司還會同時添加白黴與藍黴，但這就無法歸類在剛剛的分類中，算是一個全新的類別（後述）。

半硬質起司與硬質起司

接著，我們要依序談談只用乳酸菌進行發酵的熟成起司。這類起司可分為半硬質（非加熱壓榨，日本分類中的②）與硬質起司（加熱壓榨，③）。此時最重要的一點，我們在Q&A的Q10中也有提到，那就是這兩者的差異並不是起司的硬度，也就是並非起司水分含量的多寡！的確，這兩種起司都是名為硬質、半硬質等質地上較硬的起司，但正確來講，這兩者的差異其實是在乳類凝固形成凝乳後，變硬切塊的起司凝塊有沒有被「加熱超過45℃」。

圖 2-1　熟成中的帕馬森起司

法國分類法中的❺❻「壓榨過的質地」，在日本為了方便起見，將「非加熱類型」稱為「半硬質」，「加熱類型」稱為「硬質」，所以才會讓人產生困惑。其實就算是質地相當硬的起司，只要起司凝塊沒有經過加熱處理，依舊會被歸類在半硬質起司的項目底下。

半硬質起司的種類多不勝數，風味與質感也是琳瑯滿目。知名的有康塔爾起司（Cantal Cheese）、芳提那起司（Fontina Cheese）、高達起司、薩姆索起司（Samsoe Cheese）。

另一方面，硬質起司則有孔泰起司（Comté Cheese）、埃文達起司、格呂耶爾起司（Gruyère Cheese）、切達起司、埃德姆起司、米莫雷特起司（Mimolette Cheese）。在Q&A的Q1中有提過，切達起司是世界上產量最多的起司，而以起司眼聞名的埃文達起司也屬於此類。另外，義大利還有一種名為「格拉娜・帕達諾」（Grana Padano Cheese）的超硬質的起司，其中最知名的就是帕瑪森起司（Parmigiano Reggiano Cheese，俗稱Parmesan Cheese），這種起司會以超過40 kg的圓筒狀來保存（圖2-1），只要保持這個形狀，不管經過多少年起司內部都會持續熟成。上頭若是印著「vecchio」，代表熟成兩年；「stravecchio」代表熟成三年，「stravecchione」則代表熟成四年，算是一種「陳年起司」。

白黴起司與藍黴起司

白黴起司（日本分類中的④）與藍黴起司（⑤）都是屬於質地較軟的軟質起司。這應該是在某種巧合下，人類偶然吃下了儲藏室裡發霉的起司，進而為那股獨特的風味所吸引，所以刻意讓起司長出黴菌製成的。

知名的白黴起司有布利起司、卡門貝爾起司（Camembert Cheese）、邦切司特起司

（Bonchester Cheese）、庫洛米耶爾起司（Coulommiers Cheese）與沙泰起司（Neufchâtel Cheese）等。

藍黴起司（藍起司）方面，熟知的有藍紋起司（Blue Cheese）、坎伯佐拉起司（Cambozola Cheese）、丹麥藍起司（Danablu Cheese）、佛姆・德・阿姆博特起司（Fourme d' Ambert Cheese）、古岡左拉起司、洛克福起司，以及斯蒂爾頓起司（Stilton Cheese）。而名列「三大藍起司」的是古岡左拉起司、洛克福起司、斯蒂爾頓起司。不過我們在Q＆A的Q3中已經提過了，這只是日本單獨的說法。

用牛乳以外的乳類製成的起司

以牛乳以外的乳類製成的起司，有用山羊乳做成的歐布爾起司（日本分類中的⑥）。而被獨立分類出來的只有山羊乳，至於為何沒有綿羊乳的分類，原因不得而知。

歐布爾起司幾乎都是軟質起司，熟知的有巴儂起司（Banon Cheese）、哈羅米起司（Halloumi Cheese）、聖克里斯托夫起司（Saint-Christophe Cheese）、聖莫爾起司（Sainte-Maure Cheese）、瓦朗賽起司（Valencay Cheese），均以獨特強勁的起司香為特色。

另外，雖然沒有分門別類，不過以綿羊乳製成的起司稱為綿羊起司（Brebis Cheese）。不管是脂肪還是蛋白質，綿羊乳的含量都比牛乳及山羊乳多，非常適合用來製作起司。像是對牛乳過敏、或是不喜歡山羊乳製成的歇布爾起司強烈氣味的人，綿羊乳起司說不定比較適合。這類起司有阿莫起司（Amou Cheese）、阿諾起司（Annot Cheese）、拉蘭斯起司（Laruns Cheese）、佩克里諾羅馬諾起司、薩爾提諾起司（Sarteno Cheese）等。

洗皮起司

洗皮起司（日本分類⑦）是用鹽水或當地特產酒類洗浸表面的起司。這類起司通常會在壓形的起司表面，接種類似納豆菌的亞麻短桿菌（Brevibacterium linens）。這種菌一旦在表面繁殖、熟成，起司表面就會呈現紅色且略帶黏性，同時散發出一股強烈的氣味，但內部卻是雪白香醇的起司。這種起司會用鹽水與酒洗浸，適度抑制亞麻短桿菌生長，同時避免雜菌或黴菌滋生、增添一股獨特的風味，故分類時才會以此為名。

洗皮起司大多誕生於中世紀的修道院，故別名「修道院起司」。用來洗浸的酒液通常是渣釀白蘭地（也就是用葡萄酒渣釀製的蒸餾酒），有時也會使用啤酒、卡巴度斯蘋果白蘭地

（Calvados）或李子釀成的白蘭地。通常會先用鹽水沖洗，洗的同時再一點點的添加酒，最後只用酒液來洗浸；不過有的起司只用鹽水洗浸數次；有的則是連同酒液總共洗浸十次。這類的起司較知名的有保格克斯起司（Bergkäse Cheese）、艾斯諾姆起司（Esrom Cheese）、道芳起司（Dauphin Cheese）、朗格瑞斯起司（Langres Cheese）、林堡起司（Limberger Cheese）、里伐羅特起司（Livarot Cheese）、芒斯特起司（Munster Cheese）、龐特伊維克起司（Pont-l'Evêque Cheese），以及瑞布羅申起司（Reblochon Cheese）。

天然起司與加工起司

起司因為製造方法不同，大致可以分為「天然起司」與「加工起司」。

天然起司藉由乳酸菌進行乳酸發酵後，不經過加熱殺菌，因此乳酸菌與酵素會繼續存活在起司裡，讓風味時時刻刻產生變化。

另一方面，加工起司是以數種天然起司為原料，與乳化劑混合後加熱融化、再凝固而成的食品。因此在殺菌的過程中乳酸菌會被全數消滅，各種酵素也會因為加熱處理而失去活性（去活化作用），讓起司得以維持風味、長期保存。

若以乳酸菌、黴菌與酵素的活動力來看，天然起司算是「動的」食品，加工起司屬於「靜的」食品。在這段可以追溯至８０００年前的起司史中，加工起司的歷史十分短暫。如前所述，這是為了讓士兵在戰地也能夠穩定攝取營養，進而開發出的高營養價值的食品，因此普及。由於加工起司在日本普及的時間早於天然起司，因此現在日本中小學生的營養午餐，固定每個月至少會提供一次加工起司。不過法國與義大利學校的營養午餐卻是每天都會出現天然起司或起司料理，令人相當羨慕。

另外如前所述，在日本提到起司時，多數人會先想到一開始就普遍流傳的加工起司；但其他國家口中的起司，指的通常是天然起司，故在談論時不會特地加上天然二字。

超越以往分類的起司

有些起司無法歸類在以往的起司分類項下，例如「里考塔起司」（Ricotta Cheese）。在用綿羊乳製作義大利的佩克里諾羅馬諾起司時，會釋出乳清；而里考塔起司就是利用這些乳清製作的無鹽低脂起司。不管是用牛乳乳清或山羊乳乳清都能製作里考塔起司，但若追溯其源頭會發現使用的其實是綿羊乳。

在一般的起司製造過程當中，乳清往往是註定要被丟棄的副產物。但只要直接使用，或是加入相同份量的綿羊乳再次高溫加熱，蛋白質就會出現變熱性並浮在液面上，里考塔起司就是由這些凝塊聚集製成的。里考塔的原文「ricotta」意指「二次加熱」，因為沒有添加凝固乳汁的酵素，所以外觀會呈粗糙的顆粒狀。但是只要經過塑形，質地就會變得紮實堅硬，即使加熱也不會融化或出現延展性。

既然起司在製造的過程中已經進化成與人類生活密不可分的良品，那麼現代人就應該創造出適合現代人的全新起司。

像是德國的「坎伯佐拉起司」，即是追求前所未有的美妙滋味而誕生的起司商品，近年在世界各地造成轟動。這是一種表面為白黴、內部為藍黴的綜合起司，兼具兩種美味，同時也無法歸類在以往的起司類別體系下，是全新領域的起司。不過這種起司的製造，須要應用到可以控制白黴與藍黴的高端技術，要在市面上穩定提供實屬不易。日本也有冠上「藍黴」或「卡門貝爾」的名稱，以「藍黴卡門」或「卡門&藍黴」為名的起司。大多數的藍起司鹹味較重，因此這類起司對於以低鹽為志向的現代人而言，根本一拍即合。

另外在法國用山羊乳製成的歇布爾起司，也出現了洗皮類（Fechegos Cheese）、藍黴類等全新口味的起司。透過人工方式將藍黴接種在山羊乳裡，可說是前所未有的全新嘗試。就最近的全球趨勢來看，脂肪率極高的起司（雙重脂肪或三重脂肪）以及鹽分含量高的起司，想必會因為健康意識的高漲而漸漸步入減產之路。

CHEESE COLUMN

起司之王與起司之后

起司的世界裡也有「王」與「后」這樣的頭銜。我們在Q＆A的Q2中提到，維也納會議在舉辦起司比賽時，法國的「莫城布利起司」得到全場一致認同，榮獲了「起司之王」的稱號。另一方面，法國山區的薩瓦（Savoie）製作的體積龐大的波弗特起司（Beaufort Cheese），則被譽名為起司界的「王子」。既然如此，法國的起司之王不就是莫城布利，起司王子不就是波弗特了嗎？

跨越國界來到瑞士，最令該國自豪的國產埃文達起司是「起司之王」，而格呂耶爾起司則是「起司之后」。將這兩種起司融化之後做出的料理，就是瑞士知名的家常菜——起司鍋。

起司專業協會會長本間Rumiko提到一點，堪稱法國「起司之王」的莫城布利起司滋味高雅、風味香醇，其實應該稱為「起司之后」；至於「起司之王」，就歷史悠久、滋味強勁、在洞穴中熟成的神祕感，再加上受到歷代國王保護這一點來看，洛克福起司似乎比較適合這個稱號。另外，若要從全世界選出「起司之王」的話，最有資格的應該是歷史久遠、滋味美妙、熟成時間長達三年至五年，外觀雄壯且重達40 kg的義大利帕瑪森起司（《享受起司的生活》（チーズを楽しむ生活））。坦白說我也非常喜歡這種起司，對於這樣的論點我完全認同。

不過每個人各有所好。除了義大利的帕瑪森起司，應該也有不少人會選擇（日本）「三大藍起司」中屬於藍黴類的古岡左拉起司、源自古代羅馬以綿羊乳製成的佩克里諾羊乳起司，或是以坎帕尼亞州濕地的水牛乳製成的新鮮起司莫查列拉起司。

起司產量排行榜

生產起司的國家分佈於世界各地，就統計而言，生產國的正確數量仍不明確。若將不使用凝乳酵素來凝結乳汁、只用日曬來製造的東方起司也包含在內，我想生產國的數量應該會增加。大部分的山間地區使用冰箱等冷卻設備的情況並不普遍，像這樣的國家或地區，通常會希望儘量將營養豐富的家畜乳長久保存下來。因此這些地區的起司、發酵乳等乳酸發酵食品的飲食文化才會特別發達，並透過各種不同型態來生產。

接下來，針對各種用酵素凝固乳類的西方起司，我們要進行世界各國的比較。

首先，表2-1列出的是主要生產國與生產量。這是國際酪農聯盟（IDF, International Dairy Federation）定期公開的資訊。從２０１５年的資料可以得知，２０１４年度天然起司的世界總產量在主要的58個國家中合計約１９６０萬噸，若是將其他國家的生產量也包含在內，則約２２００萬噸。其中，有90％是出自乳業工廠、以生乳製造的牛乳起司（亦即乳業生產的起司）；剩下的10％則包含農場產品（農場起司）、自家製品，以及利用其他家畜（綿羊、山羊、水牛）生乳製造的起司。

在這當中約有70％是歐盟（ＥＵ）的28個國家（２０１４年時）和美國所生產的。歐盟的生產量總計有８７６萬噸。而以單一國家的身分稱霸世界的起司生產大國——美國，主要生產的是切達系列的起司，再加上奶油起司、茅屋起司與加工起司等，產量約５１９

國名	生產量（萬噸）
歐盟 28 國	876
德國	230（只有牛乳）
法國	179（只有牛乳）
義大利	98（只有牛乳）
荷蘭	77（只有牛乳）
波蘭	71
美國	519
巴西	74
土耳其	63
阿根廷	58

表2-1　起司主要生產國與生產量排行榜
（2014年度：IDF調查）

萬噸；光是一個國家，就可以生產出歐盟總產量一半以上的起司。而緊接在後的是巴西、土耳其與阿根廷。至於沒有出現在表中的日本則是第二十名（約4.6萬噸）。

起司進出口量排行榜

起司產量高的國家當中，有的國家出口至他國的數量比自國消費量還要多。表2-2是世界起司出口國排行榜，表2-3則是進口國排行榜（均為2014年度）。

首先要談的是起司的出口，除了歐盟的28個國家，排名在前的是美國、紐西蘭、澳洲與白俄羅斯。提到起司出口國，一般會以為歐洲各國與美國會獨佔鰲頭，但最近其實出現了極大的變化。以往被認為是起司落後國的紐西蘭與澳洲，在切達起司與奶油起司的出口量大幅攀升。像是日本的起司進口來源在二十年前居首位的是歐盟的荷蘭，然而現在光是紐西蘭與澳洲兩個國家就佔了總進口量的60%。這些進口至日本的切達起司，主要是與日本國產的高達起司一起加工，作為加工起司的原料來使用。

再來我們看看起司的進口量。可以發現進口名單截然不同，有俄羅斯、日本、美國、沙烏地阿拉伯、墨西哥與韓國。意外的是，日本竟然是世界第二大起司進口國。進口的來源，顯然以上述的紐西蘭與澳洲居多，丹麥與荷蘭緊接在後。而法國進口的起司量意外地排在第十名，空運進口了許多的軟質起司。

國名	出口量（萬噸）
歐盟 28 國	72
德國	12
法國	10
義大利	9
荷蘭	8
波蘭	6
美國	37
巴西	29
土耳其	17
阿根廷	16

表2-2　世界起司出口國排行榜
（2014年度：IDF調查）

歐盟整體的起司進口量非常少，僅為第七名，可以看出大多數的國家靠自國生產就已經足夠。另外，與2000年度相比，日本2014年度的進口量微幅增加至1.1倍，然而中國在同一年度卻急速增加約33倍。可

國名	進口量（萬噸）
俄羅斯	30
日本	23
美國	17
沙烏地阿拉伯	12
墨西哥、韓國	10
澳洲	9
EU28 國	8
中國	7
瑞士	5

表2-3　世界起司進口國排行榜
（2014年度：IDF調查）

見中國的飲食正急速歐美化，不難推測在不久的將來，中國應該會擠入進口國排行榜的上位。

起司消費量排行榜

2014年度的世界起司總消費量約2032萬噸。排行榜如表2-4所示，不管是生產還是進口皆居上位的美國以單一國家稱霸世界，消費量約493萬噸，德國、法國與義大利則是緊追在後。不過人稱「金磚國家」（BRICS，即巴西、俄羅斯、印度、中國與南非）之各國消費量也急速攀升，例如排名第五的俄羅斯與排名第六的巴西。至於日本的總消費量則居十八位，約27．9萬噸。

另一方面，國民每人年平均起司消費量（2014年度）如表2-5所示。根據世界統計比較，可以得知年平均起司消費量最多的是25．9kg的法國，再來是冰島、芬蘭、德國與愛沙尼亞。而每人平均起司消費量第一、生產量第二的法國，可以號稱是世界第一的起司大國。

然而日本每人的年平均起司消費量卻只有2.3kg，換算下來每天只食用約6g的起司。第一名的法國人每天的消費量約71g，也就是說他們的起司食用量是日本人的十二倍。在日本人心中，起司主要被當作「下酒菜」來食用；相形之下，對法國等歐洲各國而言，起司是每天餐桌上不可或缺的食品。

不過日本最近除了用來製作加工起司的切達起司，其他像奶油起司之類的新鮮起司、卡門貝爾起司、藍起司等白黴與藍黴類起司進口量也開始慢慢增加。新鮮起司與黴菌類起司之所以能夠在日本供食用，原因在於空運能讓起司能維持鮮度。近年來，我們甚至可以看到日式料理漸漸出現以起司為食材的趨勢，可見今後起司在日本的發展性非常大。

國名	消費量（萬噸）
歐盟 28 國	913
德國	200
法國	171（只有牛乳）
義大利	124（只有牛乳）
荷蘭	75
波蘭	62
美國	493
巴西	83
土耳其	75
阿根廷	59

表2-4　世界起司總消費量排行榜
（2014年度：IDF調查）

國名	每人平均消費量（kg）
法國	25.9
冰島	25.2
芬蘭	24.7
德國	24.3
愛沙尼亞	21.7
瑞士	21.3
義大利	20.7
立陶宛	20.1
澳洲	19.9
瑞典	19.8
美國	15.4
日本	2.3

表2-5　國民每人平均起司消費量排行榜
（2014年度：IDF調查）

話說回來，雖然日本允許進口法國、義大利用未殺菌原料乳製造的起司，但是這類起司的進口在美國與澳洲卻遭到禁止。因為未經殺菌的原料乳有時會帶有李斯特菌（Listeria），若溫度管理不夠嚴謹，就有可能讓這種菌在起司中繁衍滋生，進而導致食物中毒。為避免這類情況發生，因而採取了相關的政治措施。由此便能看出，製造、出口起司的國家，與主要為了食用而進口起司的國家間，對於未經殺菌的原料乳看法不同，畢竟進出口在各國之間也經常產生問題。但就現況而言，因為李斯特菌而產生的食物意外在日本還未曾發生。

CHEESE COLUMN

進口起司價格昂貴的原因？

按常理來說，從國外進口的商品通常會課以進口關稅，起司當然也不例外。而導致日本起司消費量停滯不前的阻礙之一，就是價格昂貴的進口起司。其實，在我以博士研究員的身分在美國工作的時候，看到超市的起司、麥當勞的起司漢堡，以及宅配的大片起司價格竟然如此低廉時，心中也驚訝不已。食品當中，日本對於起司所課的關稅高得驚人，以1951（昭和26）年，也就是天然起司進口自由化之際為例，當時的關稅高達35%，一直到了GATT（關稅暨貿易總協定）的烏拉圭回合（Uruguay Round）才略為調降。2016年雖然調降至29.8%，但相比之下，其他國家的起司進口稅也不過百分之十幾。如此情況，導致日本進口起司的價格高不可攀。雖說如此作法是為了保護國產乳製品所採取的國家政策，但若起司的進口關稅能稍微低一點的話，不就可以讓大家吃到更多美味可口的起司了嗎？

不過日本政府也設有一些特例措施。像是製作加工起司時只要使用日本國產的熟成類起司，進口的起司就可以免關稅，也就是關稅配額（Tariff Quotas）制度。而此舉也讓日本能以更平價的價格來製造、販售加工起司。

第3章 挑選與品嚐起司的方法

在這一章我們來思考一下，要如何挑選與食用什麼樣的起司，才能夠在日常生活中享受品嚐起司的樂趣。

找出自己的喜好

及至今日，在日本只要提到起司，大家通常都會先想到加工起司。但最近在日本國內已經可以買到真正的天然起司了，雖然要像國外一樣一邊試吃、以公克為單位買多少算多少的起司專賣店屈指可數，但不可否認的是，購買起司的機會確實增加了。

在挑選適合自己口味的起司時，如果能在有「熟成管理師」等專業人士進駐的起司專賣店裡購買的話，就能更安心地買到品質管理掛保證的起司。不過由於這樣的起司專賣店在日本數量不多，因此我們得先學習一下在購買時該注意起司的哪些要點。

接下來我們要介紹選擇天然起司時應該留意的幾個重點。只要大家參考下列這幾個挑選基準，就一定能找到喜歡的起司。

❶原料乳的不同

首先我們將焦點放在起司的原料上。起司的原料並非只有牛乳，另外還有水牛乳、綿羊乳與山羊乳。

用水牛乳製作的起司最具代表性的是莫查列拉起司。不過由於最近水牛乳的供給量越來越不穩定，因此真正使用義大利的水牛乳製作的起司，稱為水牛莫查列拉起司（Mozzarella di Bufala）；用牛乳大量生產的則稱為莫查列拉起司。而用山羊乳製造的歇布爾起司，通常酸味會比牛乳還強烈，因此不太喜歡動物那股獨特乳香味的人，不妨選擇用風味最為溫醇的牛乳製成的起司。

❷微生物的不同

起司是因為棲息在其中的微生物而慢慢熟成的。這種情況可大致分為因乳酸菌熟成的「乳酸菌熟成起司」，以及在乳酸菌裡添加白黴或藍黴熟成的「黴菌熟成起司」這兩種。

一般來說，乳酸菌熟成的起司，香味與風味大多比較穩定。

至於黴菌熟成的起司，白黴類起司的味道較不刺激，口感粘稠柔和；藍黴類起司則帶有一股刺激的香味與風味，且為了抑制黴菌生長，鹽分含量也會比較高，還有一股刺舌般的口感，不僅如此，藍黴的菌絲有時還會黏在嘴上。

若是不敢吃黴菌類起司，不妨先從乳酸菌熟成的切達起司、高達起司，或者是白黴類起司裡質地較為溫和的卡門貝爾起司開始。

3 熟成度的不同

起司可以分為完全沒有經過熟成的非熟成新鮮起司，以及各種不同類型的熟成起司。熟成類起司的熟成時間，可從一個月橫跨至四十八個月，變化相當豐富。而熟成時間越短，起司裡所含的水分就越多，口感也會越柔軟。

一般來說，乳酸菌熟成起司的熟成時間越長，水分就會減少，質地變硬，組織也會因為失去彈性而越來越乾。但像帕瑪森起司這類的長期熟成型起司，第二年反而是最佳食用時期，此時表面會出現名為酪胺酸（tyrosine）的胺基酸結晶，營造出略為粗糙的獨特口感與甘醇滋味。

另一方面，黴菌熟成起司的白黴類起司，則會因為熟成而呈現綿密濃稠的質感。

儘管熟成可以讓起司風味更加獨特，但起司食用經驗不多的人，剛開始還是先從新鮮起司類的茅屋起司、奶油起司，或是熟成期間約三個月的高達、切達這幾種起司慢慢習慣會比較好。

4 殺菌方法的不同

製造起司的原料乳可分為已殺菌與未殺菌兩種。在殺菌技術進步的現代，製造起司時通常都會使用經過低溫殺菌（在63℃的溫度下加熱30分鐘）的原料乳；不過遵循古法、使用完全未經殺菌的原料乳製造的起司也不在少數。關於這一點，歐洲生產的起司通常都會有清楚的標示，殺菌乳是「lait pasteurisé」，無殺菌乳是「au lait cru」。

無殺菌乳裡含有乳類應有的天然乳酸菌與酵母，有時還會在超過十種微生物發揮作用的情況下進行發酵，因此能夠製作出風味複雜獨特的起司。不過我會建議第一次嘗試的人，最好先從用一般殺菌乳製造、風味穩定的起司開始。

另外，就算是殺菌乳，製造工程的初期階段也會採用人工的方式來發酵，也就是在裡頭添加另外培養的乳酸菌（菌酛）與黴菌，讓微生物在起司中存活。關於這點，留待後述。

5 形狀的不同

起司有各式各樣的大小，但形狀方面大多為圓盤或圓筒狀，另外還有在中間穿一根稻草作為空氣通道的長條狀。

造型比較獨特的起司，可見圖3-1。像是法國生產的聖莫爾德圖蘭起司（Sainte-Maure de Touraine Cheese），雖然屬於用山羊乳製成的歐布爾起司，但是中間卻穿了一根稻草讓空氣流通，藉此維持形狀。另外，我們已經介紹過的瑞士原產的埃文達起司，則有許多大大小小的孔洞（起司眼）；如果這些孔洞呈正圓形，而且富有光澤、質地柔軟的話，便可視為是最佳狀態。

比較奇特的有來自法國、暱稱「艾菲爾鐵塔」的普利尼．聖．皮耶起司（Pouligny-Saint-Pierre Cheese），以及形狀類似平頂金字塔的法國瓦朗賽起司（山羊乳）與灰起司（Pyramid Cendre Cheese，山羊乳）等。另外，法國白黴起司中的巴拉卡起司（Baraka Cheese，牛乳）則是呈馬蹄形，是可以「召喚幸福的起司」，也是人人熟知的贈禮；同樣是法國白黴起司的納沙泰爾起司（Neuchâtel Cheese）則是呈心型；而葫蘆造型的義大利馬背起司（Caciocavallo Cheese，半硬質起司）也同樣非常獨特。嘗試各種外觀有趣的起司，

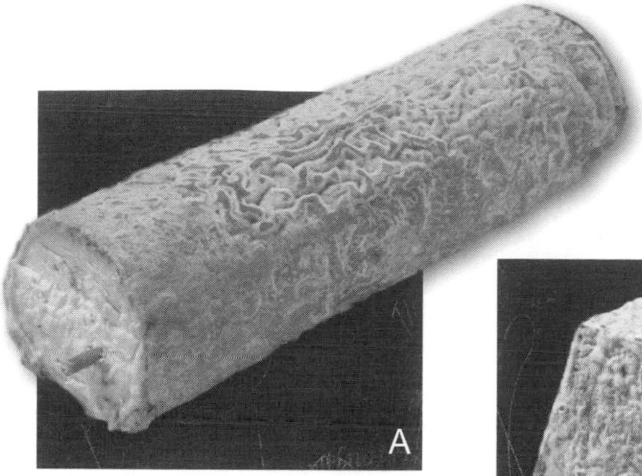

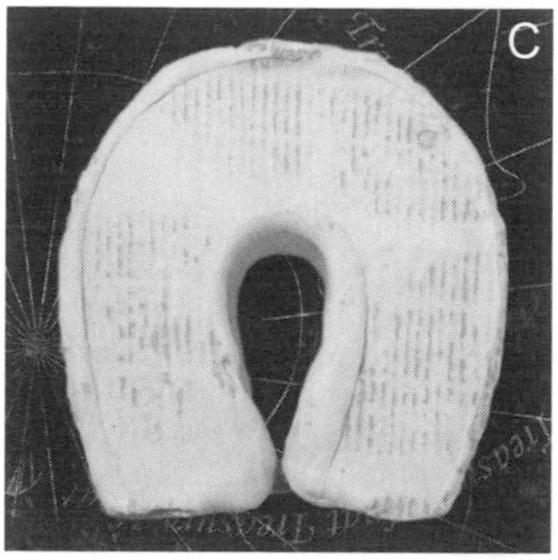

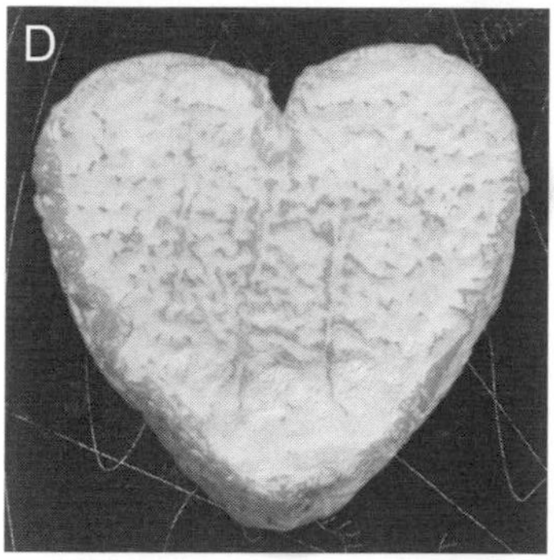

圖3-1
造型奇特的起司
A：中心穿過一根稻草的聖莫爾德圖蘭起司
B：金字塔造型的瓦朗賽起司
C：馬蹄形的巴拉卡起司
D：心型的納沙泰爾起司
E：葫蘆型的馬背起司

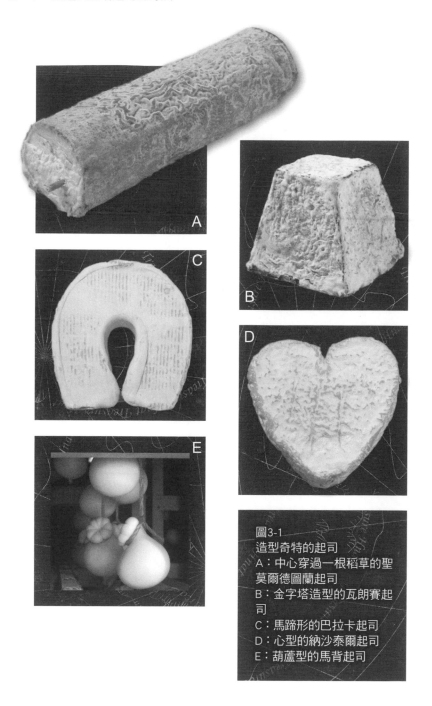

不也是享受起司的樂趣之一嗎？

另一方面，只要聽到加工起司，許多人腦海裡浮現的應該是裝在藍色圓盤盒中的三角形起司，知名的有雪印乳業於１９５４（昭和29）年在日本全國發售的「６Ｐ圓盒起司」。此種起司的形狀，其實是源自於歐洲傳統大型圓盤狀的天然起司。由於體積較大的起司通常會從中心開始慢慢熟成，食用時為了讓味道均勻分布，往往會切成放射狀。而６Ｐ圓盒起司的形狀就是模仿這類圓盤狀起司呈放射狀切成六等分的模樣，是利用形狀表達美味的精湛設計。

❻硬度的不同

過去日本有一種根據起司質地的軟硬，將其分為軟質、半硬質、硬質、超硬質的分類方法。然而我們已經提過，正確來說，半硬質與硬質並不是根據起司的硬度來分類。何況每個人對於起司軟硬的偏好各有不同，因此選擇時，不妨參考以下的內容。

喜歡起司水分含量多、口感較軟的人，建議選擇莫查列拉起司這種未經熟成的新鮮起司。如果是熟成類起司，不妨選擇白黴類的卡門貝爾起司。

另外，喜歡口感較硬的人，可以選擇半硬質類的切達起司或高達起司；喜歡口感再硬一點的人，不妨挑選硬質類起司當中，經過24個月至48個月熟成的帕瑪森起司。

7 風味濃淡的不同

起司的風味，深受使用的原料乳與微生物影響。一般來說，乳酸菌與白黴可以製造出風味溫和的起司，而藍黴則是會製造出風味強烈的起司。

喜歡溫醇風味的人，建議選擇使用牛乳，且經過乳酸菌熟成的切達起司、高達起司；或者是使用牛乳，但添加白黴熟成的卡門貝爾起司。而可以接受風味強烈刺激的人，不妨嘗試看看藍黴類的藍起司。

不管是哪一種熟成類起司，用山羊乳或綿羊乳製成的起司香氣通常會比牛乳還要來的強烈，不太適合第一次品嚐起司的人。

但若是想要嘗試獨特起司風味的人，一定要試看看洗皮起司當中，外皮香氣濃烈、內部滋味芳醇濃郁的里伐羅特起司、芒斯特起司、龐特伊維克起司這幾種起司。

起司畢竟是食物，要產生興趣，實際「嚐過」的經驗會比什麼都來的重要。首先就讓我們參考以上這七個觀點，先從入門的起司開始著手。之後再秉持冒險的心，嘗試各種不同口味的起司，相信過沒多久，大家一定能夠找到心目中最愛的起司。

購買起司的地方

起司可以到超市、百貨公司地下樓的起司賣場、或者是街上的起司專賣店購買。另外，最近透過網路也可以隨時購買得到起司。

但如果是第一次購買，而且日後想要進一步了解起司的人，我曾建議到類似歐美的起司專賣店，可以當場試吃各種切成薄片的起司，也能秤重販賣，且想吃多少就買多少。可惜的是，目前起司在日本尚未普及到這種程度，要先試吃了解起司風味後再購買恐怕不容易。

因此一開始，我們不妨先購買幾種基本口味的起司吃看看。如果當中有喜歡的起司，學習意願一定會頓時高漲，起司相關的資訊也會自然而然地烙印在腦海裡。像是漫畫家弘兼憲史就在《弘兼憲史葡萄酒&乳酪搭配講座》（《知識ゼロからのワイン&チーズ入門》，積木出版）這本書中以淺顯易懂的方式，整理出以下購買起司時不會踩到地雷的選店重點，大家可以參考看看：

①店面清爽整潔，起司種類豐富

②可以確認起司香味

③店家不介意打開包裝
④可以觸摸起司（在店家的同意之下）
⑤願意分切販售
⑥商品銷售量（週轉率）不錯
⑦店裡有熟知起司的員工（熟成管理師、起司管理員、起司顧問、起司專家）

參考認證標章

「ＡＯＣ」是法國起司品質保證的制度，為法文「Appellation d'Origine Contrôlée」的縮寫，意指「原產地命名管制」，對於起司的①原料乳種類與產地、②製造地區與製造方法、③熟成地區與期間、④形狀、重量與乳脂肪等有相當嚴格的規定，只要起司符合這些條件，就可以在包裝上標示「ＡＯＣ」的標籤。負責審查、認可與管理的單位是法國國立原產地名稱研究所，目前獲得ＡＯＣ認同的起司共有43種（２０１６年）。法國的葡萄酒與奶油亦設有ＡＰＣ制度。不過現在法國是以比ＡＯＣ還要嚴格的「ＡＯＰ」（Appellation d'Origine Protégée，原產地名稱保護制度）標示為主流。當然，ＡＯＣ至今依舊通行。

另外，義大利也推行與ＡＯＣ相同的制度，稱為「ＤＯＰ」（Denominazione di Origine Protetta的縮寫），目前已經有32種起司得到認同（２０１６年）。

１９９２年，在ＥＵ的成立之下，與法國的ＡＯＣ相同的「ＰＤＯ」（Protected Designation of Origin＝原產地名保護制度）與「ＰＧＩ」（Protected Geographical Indication＝地理標示保護制度）等三項品質認證制度也隨之創立，不過法國依舊沿用ＡＯＰ與ＡＯＣ這兩種制度。情況有點複雜，大家只要記得法國生產的起司如果印有ＡＯＣ，就就代表品質與其他國家的ＰＤＯ相同就可以了。

唯有被認定為高品質的起司才能夠標示這些認證標籤，因此只要選擇這些起司就沒有問題了。不過這些起司絕大多數都展現了強烈的當地特色，建議大家最好累積一些起司食用經驗之後再來挑選。

看懂標籤上的資訊

切片包裝好的起司上頭會貼上標籤，記載著日本進口業者翻譯的起司相關資訊。另

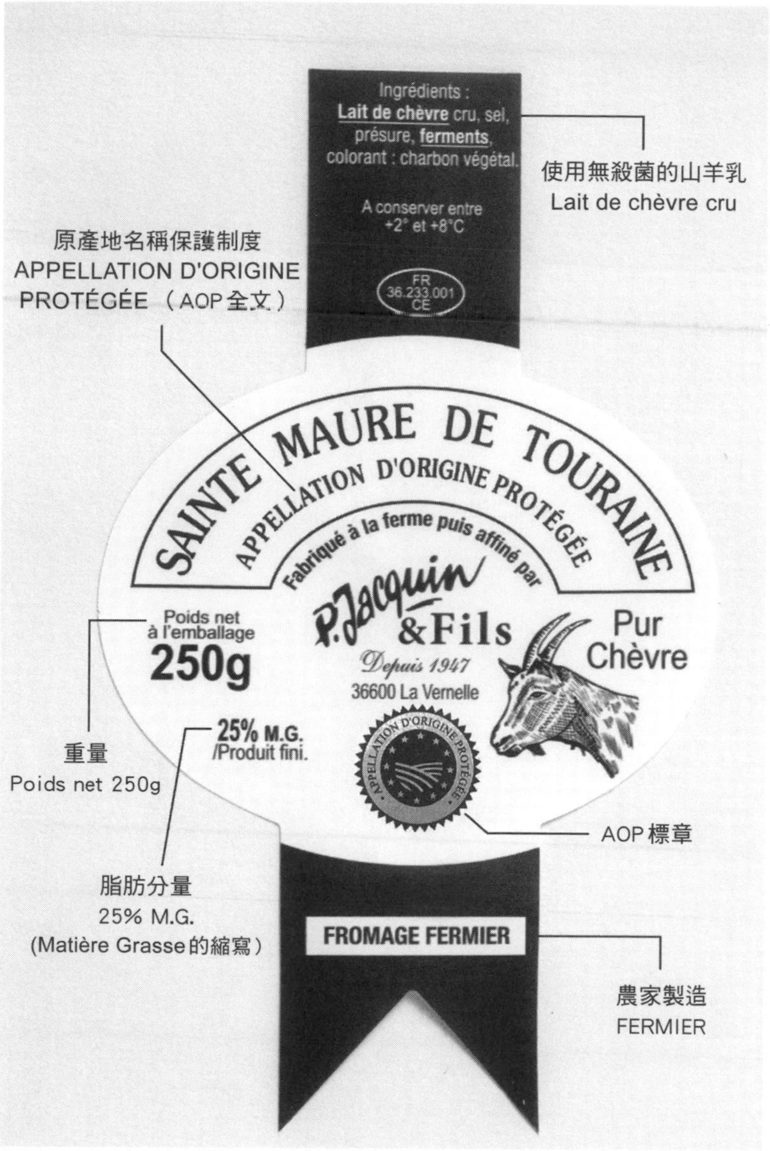

圖3-2　起司標籤上所記載的資訊

圖3-1A的聖莫爾德圖蘭起司標籤

外，如果是以整顆形式販賣的話，盒子等容器上就會印有詳細內容。這些資訊都是選擇起司的一大標準。

標籤上記載的內容有重量（g）、脂肪成分的比例、是否為殺菌乳、原產地名保護制度認定商標等資訊。例如圖3-2是法語標籤，上頭標示著①農家製造（fermier＝農場）；②無殺菌乳（au lait cru=生乳），如果是低溫殺菌乳的話則會標示為lait pasteurisé；以及③脂肪matière grasse。

只要慢慢累積與起司相關的知識，學會如何邊看標籤邊挑選起司，想必樂趣就會倍增。

保存起司的方法

提到起司，天然起司可說是一種乳酸菌與酵素在裡頭活動的生物。也就是說，這是一種「動的食品」，滋味與香味時時都在變化，所以購買後在保存上一定要特別留意與管理。接下來讓我們試著思考在科學上有理可循的「起司保存方法」。

❶起司的最佳保存溫度是？

起司是一種無法承受陽光直射或高溫的食品。因為溫度一高，乳酸菌就會開始活動，酵素反應也會變得活絡，如此一來起司就會因為熟成度過高而變質。因此我們會建議將起司放在溫度維持在5～10℃的冰箱「蔬果室」裡。只要營造一個適度低溫、避免陽光直射的環境，就算是在家裡也能夠品嚐到適度熟成的美味起司。

不過有一點要特別留意，那就是最近的冰箱蔬果室會安裝一種特殊的紫外線燈，讓蔬菜儲存於冰箱時能夠一邊接受紫外線的照射，一邊增加維他命。可是乳酸菌無法承受紫外線的照射，起司若是放在這種蔬果室裡，反而會因為乳酸菌被消滅而無法熟成。因此當起司要放入冷藏保存時，記得先確認家裡的冰箱有沒有紫外線燈。

❷起司變得乾燥也無妨嗎？

起司若是變乾，滋味與香味就會整個變差，因此要盡量避免這種情況出現。一般而言，最好的方法是包上保鮮膜之後再放入密封容器裡。

不過軟質起司蓋上保鮮膜後反而會產生水分、讓黴菌有機可乘，因此乳酸菌熟成型的軟質起司保持適度乾燥會比較好；但如果是黴菌類起司，就絕對嚴禁乾燥。起司保存時如果滲出水分，可以先用紙巾吸乾、用乾淨的布擦拭表面之後，再包上一層新的保鮮膜。最好是每三、四天就更換一次。

❸ 可以與其他食品一起保存嗎？

起司的主要成分「酪蛋白」（casein）有容易吸收各種不同成分的性質，置於冰箱時若是放在其他食品旁邊，會非常容易沾上異味，所以千萬不要將起司與氣味強烈的食品放在一起。可以的話，最好放入密封容器中獨立保存為佳。

❹ 起司可以冷凍嗎？

為了長期保存，許多人會將起司放在冷凍庫裡。但軟質起司最好避免冷凍，因為水分含量高的軟質起司若慢慢結凍，水在變成冰的過程中，蛋白質就會因為水的結晶體變大而遭到破壞。

但如果是硬質或半硬質起司的話，就可以分切冷凍，因為處於冷凍狀態的起司會比較慢熟成；話雖如此，起司還是盡量不要冷凍長達一、兩年。另外，解凍時置於冷藏室自然解凍即可。

5 不慎失敗的話

若按照上述的方式讓起司保存在最佳狀態之下但仍出現小失敗，也不須要太在意。就算起司表面稍微發霉，擦乾淨之後還是可以食用的；若是不小心變乾了，磨碎撒在菜餚上也可以。只要能這樣靈機應變地善用起司，那大家食用起司的方式應該就可以媲美歐美人了。

除了美味，起司的營養價值與作用也相當出色，是少數在科學上值得大力推薦的優良食品之一，所以請大家要隨時在冰箱的蔬果室裡放一塊用保鮮膜包著的起司。

搭配葡萄酒的方法

那麼，最適合搭配起司的飲品是什麼呢？這個在西歐堪稱「命中注定」、相互吸引的組合，就是起司與葡萄酒。尤其法國人自古以來便習慣將適合搭配葡萄酒的食物比喻成命中注定的最佳戀人，甚至將這樣的組合用法文「mariage」（結婚）一詞來形容。在法國人心目中，起司就是葡萄酒的最佳伴侶，在歷史上這兩者早已是門當戶對的關係了。

既然如此，是否有公式可以告訴我們，什麼起司適合搭配什麼葡萄酒呢？日本起司專業協會創辦了一所培養起司銷售員等專家的學校。在《起司專業教本》這本教材裡指出，針對葡萄酒與起司的搭配，由於葡萄酒與起司均會不斷變化，硬是要將其配對毫無意義，因此只要「遵守原則，憑靠自己的感性挑選」即可。既然如此，我們就以此為前提，提出幾個「原則」供大家參考（以下是根據《教本》彙整出要旨之後，再由筆者稍加補充的內容）。

〈酸味原則〉

酸味強、熟成時間較短的歐布爾起司可以搭配酸味較為清爽的葡萄酒。如果是酸味溫醇的起司，則適合搭配酸味濃厚的葡萄酒。

〈鹹味原則〉

鹹味較重的藍起司搭配甘口白葡萄酒（貴腐葡萄酒）、波特洒已經是基本組合了。其他像洛克福起司與蘇玳葡萄酒（Sauternes）、斯蒂爾頓起司與波特酒、古岡左拉起司與義大利甜味的索阿維雷西歐葡萄酒（Recioto di Soave）等組合也都能讓人心滿意足。

〈脂肪含量原則〉

脂肪含量超過60％的香濃起司適合搭配單寧（各種多酚類）的風味紮實、澀味濃郁的紅葡萄酒，或者是經過乳酸發酵（ＭＬＦ）、風味香醇的白葡萄酒。葡萄酒中的單寧成分可以讓口中的脂肪味變得更加爽口不膩，且白葡萄酒的溫醇酸味可以讓起司風味更加馥郁（所謂乳酸發酵，指的是利用乳酸菌將蘋果酸分解成滋味溫和的乳酸。這種反應也會產生乙醛與雙乙醯，營造出一股宛如牛乳與優格的芳香）。

〈香味原則〉

配合葡萄酒選擇同一系列的香味。香味濃郁的起司適合風味獨特紮實的葡萄酒；帶有核果風味的起司可以搭配散發橡木桶香的葡萄酒；香料風味濃郁的起司就搭配辛辣刺激的葡萄酒；香草植物味較重的起司就搭配散發蔬果香的葡萄酒。

〈產地原則〉

起司與料理一樣，搭配的葡萄酒如果也能出自同一個產地或是產地相近的話，搭配時會更加契合，這是法國的定論。

請記住，上述幾點只不過是大原則，一切都要實際試過才會更明確，所以就請大家多方嘗試，探索專屬於自己的「天作之合」。

不過有的起司是一開始就非常適合搭配某種特定的葡萄酒，只要提到某款葡萄酒就會想到某種起司的最佳組合。

例如法國生產的洗皮起司中的香貝丹之友起司（L'ami du Chambertin Cheese，牛乳），就是為了與紅葡萄酒中的名作香貝丹（Chambertin，豐滿酒體）一起品嚐而製作的。這兩者都是法國香貝丹村製造，遵循的是「產地原則」。

另外，法國產的洗皮起司——夏布利起司（L'Affiné au Chablis Cheese，牛乳），則是專為品嚐夏布利（Chablis）這款白葡萄佳釀而製作的。

現在的組合搭配不斷地在改變，但對過去的人而言，起司搭配紅葡萄酒其實是常識。為什麼呢？因為法國料理與義大利料理的套餐在上完主菜後，接著就會端上起司。由於主菜通常都是肉類料理，因此搭配主菜的葡萄酒若是有剩，就會搭配起司繼續享用，自然而然地起司搭配紅葡萄酒的組合就隨之增加了。

沒有其他「命中注定的搭檔」了嗎？

話雖如此，最適合搭配起司的酒類，真的只有葡萄酒嗎？

事實上，世界各國在日常生活中最常喝的飲品其實是啤酒。自古以來，餐桌上必定會出現葡萄酒的國家是法國、義大利、葡萄牙及希臘，只不過這些國家可能剛好都是例外，因為相較之下，其他各國喝啤酒的人數遠遠超過葡萄酒，就連日本也不例外。

若以「產地原則」來思考，要說在美國與德國這些啤酒大國中，會將啤酒與起司視為最佳搭配一點也不足為奇。

只不過啤酒在搭配起司時，對於契不契合這一點，規定沒有葡萄酒那麼嚴謹。若真要說的話，淡色啤酒適合搭配滋味溫和或風味辛香的起司；而深色啤酒則建議搭配脂肪含量較高、滋味醇厚的起司。

那麼其他酒類呢？像是威士忌、燒酒，還有白蘭地、伏特加、琴酒等酒精濃度較高的蒸餾酒，搭配熟成度高的起司應該不錯。

日本酒雖然與葡萄酒、啤酒一樣同屬釀造酒，但幾乎沒有人會想到將它們與起司搭配在一起。由於日本酒種類繁多，有甘口、辛口，有的甚至還帶有果味，與葡萄酒一樣搭配起司的話應該會相當契合。其實現在經常見到居酒屋在宣傳「適合日本酒的起司」這類的下酒菜；而２０１５年在義大利米蘭舉辦的「米蘭國際博覽會」上，也出現了不少日本酒搭配起司的提案，在當地還深受義大利人的好評呢。

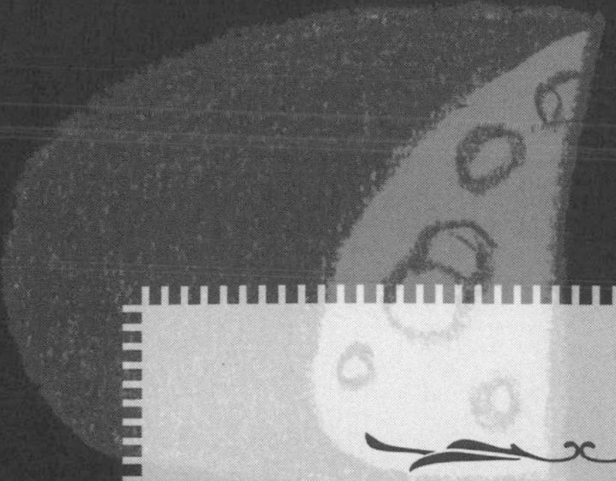

II

製作起司的科學

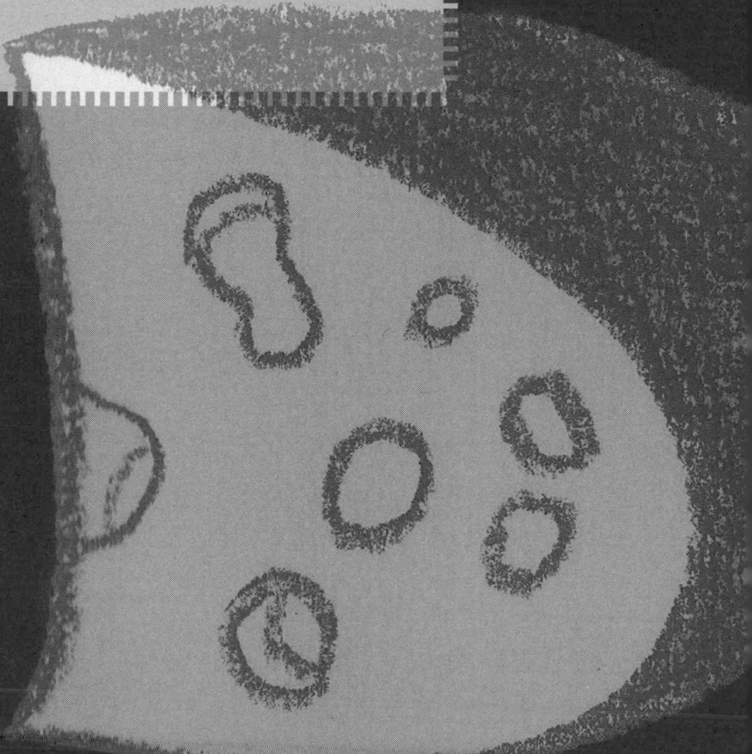

起司的原料在標示上就只有「乳類」與「鹽」，頂多再加上乳酸菌與凝固乳類的凝乳酵素，但光是這樣竟然就可以在世界各地製作出將近一千種的起司，簡直就像是魔法一樣。

為什麼會出現這麼多變化呢？既然原料大同小異，那麼差別應該就是製作方式了。因此在接下來的第II部中，我們將針對這個部分進行思考，從起司的原料——原料乳的特徵來探索乳酸菌的祕密，以及人們在製造過程中所下的各種苦心。真正的「起司的科學」終於要揭開序幕了！

≫≫一看就懂≫「製作起司的方法」

在進入分論之前，先讓我們了解一下起司的基本製造過程吧。

之前我們已經提到起司有各種不同的分類方法，若要大致分類的話，應該就是「天然起司」與「加工起司」了。

天然起司會利用乳酸菌的增殖與凝乳酵素這兩個作用讓原料乳凝固，之後再經過「熟成」的階段。大致的製作方式如圖A所示（不過天然起司中，唯有新鮮起司不會經過熟成這個步驟）。

1
將起司原料乳
加熱、殺菌（第4章）
2
添加乳酸菌（菌酛），
進行乳酸發酵（第5章）
mow
3
一放入凝乳酵素，
就會瞬間凝固！（第6章）
感動
綁有琴弦的
切刀
4
切塊。一邊加熱，
一邊濾除乳清（第6章）
5
入模成型，置於濃鹽水
裡加鹽（第7章）
6
置於熟成庫裡熟成→第III部
（新鮮起司到這個步驟即算完成）
7
大功告成

圖A　天然起司的製作方法

1
挑選天然起司
作為原料
mou
2
切碎混合
3
添加乳化劑，
均勻攪拌
4
入模冷卻，
凝固成各種形狀
5
大功告成

圖B　加工起司的製作方法

另一方面，若將重點放在保存性上的話，藉由加熱使得乳酸菌與酵素失去作用的，就是加工起司。這種對於日本人來說再熟悉不過的起司，製作方式如圖B所示。一般與起司相關的書籍往往只談論天然起司，不過本書在第III部分會以科學觀點來探討加工起司。

只要參考前頁的兩張插圖，應該就可以大致想像這兩種起司製作方式的差異。

那麼，就讓我們在第II部中慢慢了解天然起司製作的各個步驟吧。有空的話不妨回頭看看圖A，確認一下現在講解的是哪個階段。

第4章 牛奶成分的科學

可以成為起司原料的乳類稱為原料乳。想要深入了解新鮮起司的鮮美滋味，或是熟成類起司隨著時間質地變柔軟、滋味變甘醇的神奇現象，勢必要先了解原料乳裡頭含有什麼樣的成分，因此在這一章我們要詳細說明起司原料乳的成分。

起司隨著熟成，味道會變苦

牛乳裡含有約3.2％的蛋白質。關於蛋白質，大家應該在高中的生物課或化學課學過，是由20種胺基酸組合而成的。現階段我們已經知道自然界中約有500種胺基酸，然而蛋白質只用了其中的20種，而且是以無窮無盡的複雜組合構成的。只要胺基酸串連的順序稍有變動，蛋白質的立體構造就會出現變化，進而牽動每一種功能。

接下來我們要稍微談論一下化學。胺基酸是以碳（C）為主，另外再加上氫（H）、氮（N）與氧（O）所構成。談到胺基酸構造上的特徵，那就是相同的胺基酸分子擁有羧基（-COOH）與胺基（$-NH_2$）這兩種官能基。所謂官能基，指的是好幾個原子聚集在一起的原子團；而這些原子團的聚集方式，決定了該化合物的反應方式。羧基是釋放氫離子（H^+）的官能基，而胺基則是接受氫離子官能基。

胺基酸當中，羧基與胺基若是鍵結在同一個碳原子上，就稱為「α-胺基酸」。而構成蛋白質的20種胺基酸，全都是這個α-胺基酸。

胺基酸的基本構造如圖4-1所示。碳（C）有四隻「手」，與羧基（-COOH）、胺基（NH_2）以及氫（H）連接在一起，這是所有胺基酸的共同形式。而另外一隻手連接的就是「R」。R的部分會根據胺基酸呈現各種不同的形式；而所謂胺基酸的性質，指的就是R的差異。這個R又稱為「側鏈」。

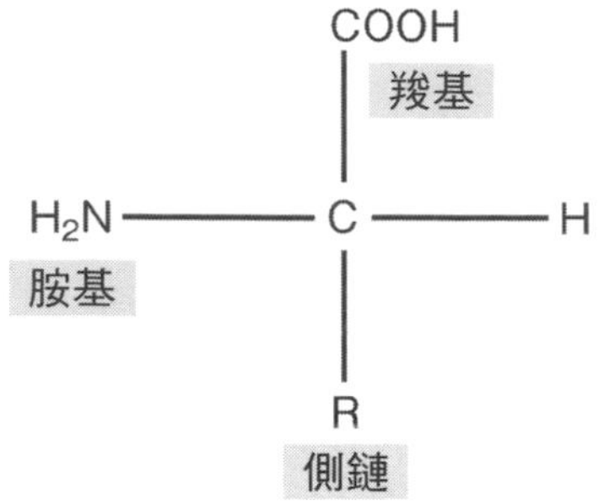

圖4-1　胺基酸的基本構造

構成蛋白質的20種胺基酸是什麼樣的物質，每一種又是什麼形狀，全都列在表4-1中。表中我們可以看出每一種胺基酸都有同樣的構造，只有側鏈這個部分各不相同。此部分決定了胺基酸的特色，而這些特色中也包含了胺基酸的「味道」（順帶一提，無法在人體內製造，只能靠食物補給的胺基酸稱為必需胺基酸）。

最單純的胺基酸是甘胺酸（glycine）。這種胺基酸帶有甜味，因此剛開始的名稱是意指「醣質」的glycocoll，之後才改名為glycine。甘胺酸的特徵，是正中央的碳（C）伸出的4隻手中連接了兩個氫原子（H）。除了甘胺酸以外，其他胺基酸的碳原子的4隻手上，鍵結的原子、分子都不會重複，這樣的碳又稱為「不對稱碳」。

不過即使構造相同，若原子與官能基的排列位置不一樣，那胺基酸就會分為兩種構型。羧基、胺基、側鏈與氫，若是順時針鍵結在碳伸出的那四隻手上，就稱為「D型」；若從反方向，也就是逆時針鍵結的話，則稱為「L型」。這又稱為「光學異構物」，也就是彼此之間像照鏡子一樣，相互重疊對稱（圖4-2）。

起司主要的蛋白質成分稱為「酪蛋白」（casein），而且全都是由L型的胺基酸（L-胺基酸）所構成。這個胺基酸分解之後若是變成個體、或是鍵結之後變成胜肽的話，往往會讓起司的味道變苦。因此起司在熟成的過程當中，只要酪蛋白一被分解（這種情況稱為

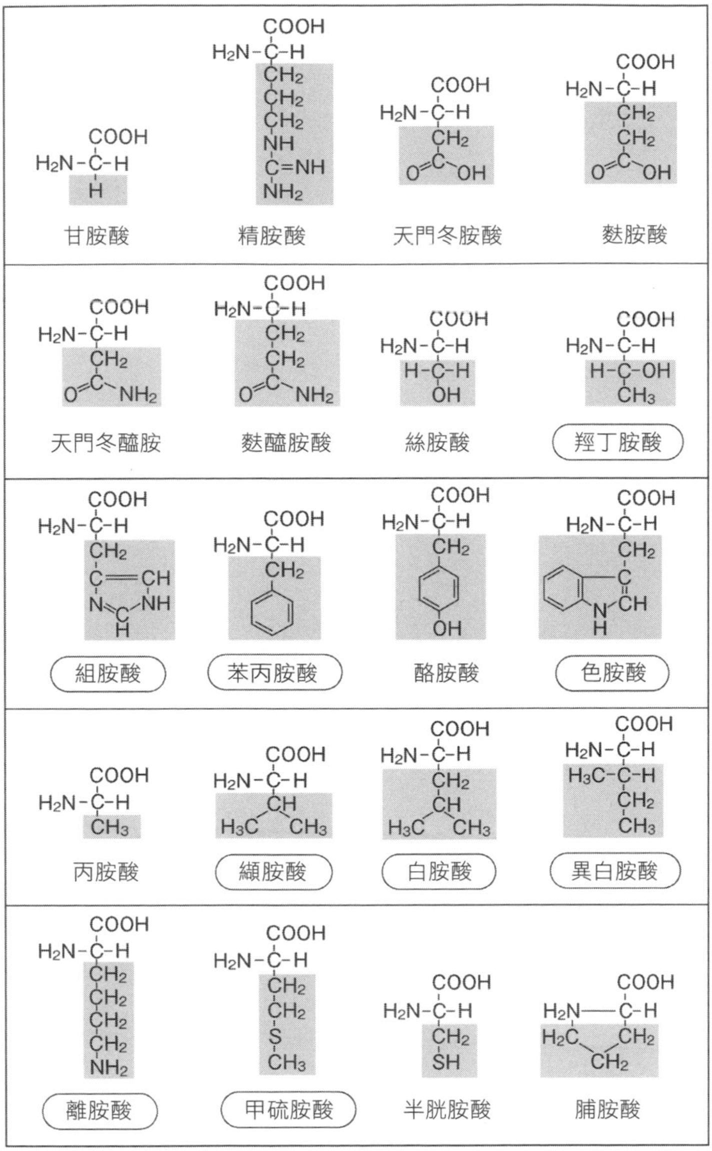

表4-1　構成蛋白質的胺基酸種類與構造

灰色部分是各胺基酸的側鏈，名稱加框的是必需胺基酸。

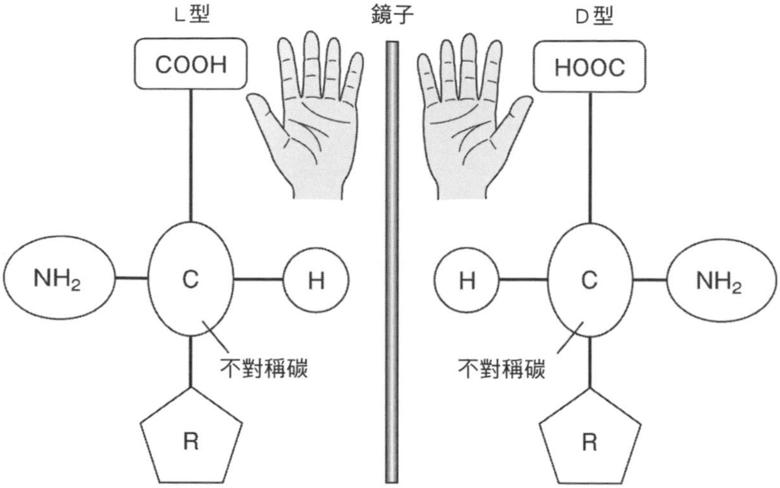

圖4-2　胺基酸的D型與L型（光學異構物）

水解），就會產生溫和的苦味。也就是說，起司只要熟成，基本上味道都會變苦。

當然，作為食物食用時，過多的苦味就會變成缺點。因此在熟成的過程當中如何減少苦味，便成了起司的製作重點。

什麼是酪蛋白？

接下來我們要好好談論起司科學最重要的角色——酪蛋白（casein）。

生乳在最初時幾乎接近中性，以pH值來講約在6.5～6.7左右。如果從此階段開始抽出脂肪、添加酸將pH值調整至4.6，並保持25℃的溫度，乳類就會開始凝固。此時凝固的部分稱為

「酪蛋白」，沒有凝固的部分稱為「乳清」（whey）。說得具體一點，以優格為例，凝固的部分是酪蛋白，而沒有凝固的液體就是乳清。酪蛋白在乳蛋白中約佔80％，而剩下的20％則是乳清中的乳清蛋白。

接下來是略為複雜的酪蛋白介紹。所謂的酪蛋白，指的是其分子當中名為絲胺酸的胺基酸，磷酸化之後形成的「磷酸化蛋白質」；由30種成分所構成，並包含了遺傳變異體，分子量約2萬，並不算大。

乳類當中的酪蛋白是由名為「酪蛋白微團」（casein micelle）的微小懸浮粒子所構成的。每1ml的乳類裡頭，包含了多達10^{11}顆的酪蛋白微團，根本是天文數字。不僅如此，我們還知道酪蛋白微團是讓乳類呈現白色的主因。這些微小粒子讓透入乳類的光線朝四處反射（漫散反射），所以乳類看起來才會呈現白色。

再次強調，酪蛋白是構成起司的主要蛋白質。而且酪蛋白的獨特性質在起司的效用及美味上，賦予了極為重要的特性。接下來就讓我們繼續看下去吧。

善用酪蛋白的起司特色 ① 無與倫比的加熱穩定性

酪蛋白的獨特性質，來自胺基酸中的脯胺酸（proline）。酪蛋白的分子中均勻地分布著不計其數的脯胺酸。一般來說，只要有脯胺酸，蛋白質就無法構成某個確切性質的立體結構（α螺旋與β片層結構，圖4-3），如此一來，酪蛋白就會因為不能好好掌握高次結構，而處於富有彈性的自由分子狀態，稱為「隨機結構」。

這種結構，會使得酪蛋白因胃蛋白酶等消化酵素，而變成易產生水解的「易消化性」蛋白質。所以剛出生的小牛，其消化器官才能如此迅速地進行消化，以立刻提供構成身體的胺基酸。這是作為幼兒食品最合理的構造。

至於每1ml的乳類裡為何會包含多達10^{11}的酪蛋白微團，真正的原因尚未闡明。不過由於未成年的牛隻非常脆弱，因此我認為，可能是為了要讓其在短時間內攝取大量的蛋白質，因而在演化的過程中形成了這樣的構造。

不過，酪蛋白的隨機結構卻有一種意想不到的「副產品」，那就是其蛋白質對於加熱非常強韌。酪蛋白的耐熱性相當高，就算用110℃的溫度加熱10分鐘，結構也不會被破壞。一般的食用肉或蛋類等蛋白質，只要放在平底鍋上加熱，過沒多久組織結構就會因為熱變性而萎縮、硬化，然而這對酪蛋白根本不構成威脅。

藉由乳腺上皮細胞生物合成酪蛋白的母牛，想必也不是刻意去製造這樣的特性吧。原本是為了讓剛出生的小牛容易消化而生物合成的酪蛋白，最後卻變成了人類在使用的耐高溫蛋白質，這對於擁有加熱這項調理技能的人類而言，可說是提供了一項非常實用的食品素材。

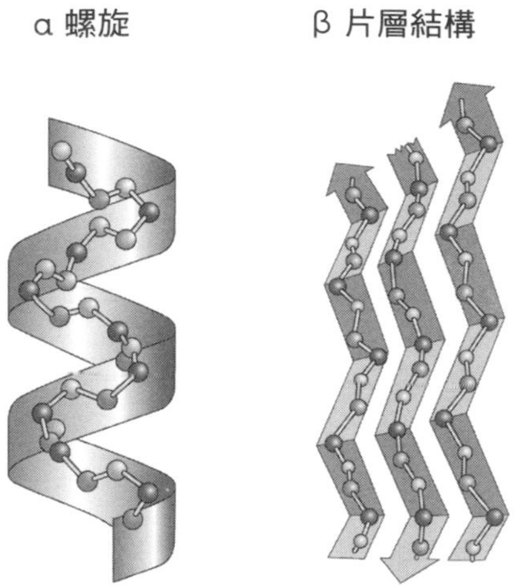

圖 4-3　蛋白質的立體結構

脯胺酸若是大量存於所有分子上，就無法形成這樣的結構。

善用酪蛋白的起司特色
②酪蛋白微團的型態祕密

酪蛋白的分子裡有兩種壁壘分明的區域，那就是易溶於水的「親水區」與不易溶於水的「疏水區」。

這樣的性質稱為「兩親媒性」，在自然界中非常罕見。這個兩親媒性，讓酪

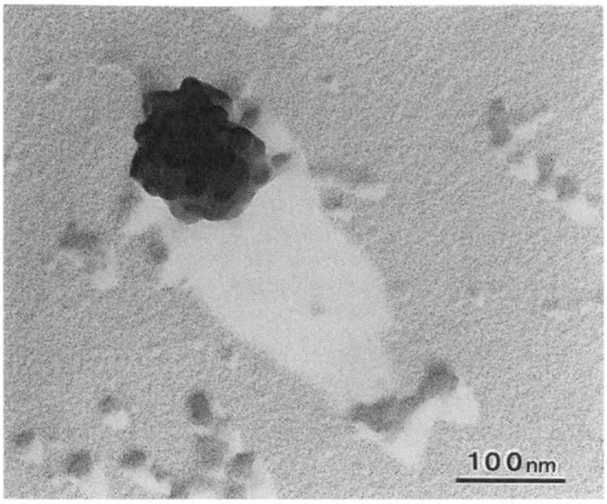

圖 4-4　酪蛋白微團

蛋白的成分能夠在疏水區中相互鍵結，在親水區以外的地方製造微小粒子，這就是「酪蛋白次微球」（casein sub-micelle）。酪蛋白次微球只要聚集1000顆，就能夠形成人型球狀的酪蛋白微團。圖4-4是電子顯微鏡下的酪蛋白微團，從照片中也能夠觀察到較小的次微球。

酪蛋白微團主要是由疏水性高的次微球所構成，至於親水性的次微球則是以在外圍的型態存在於乳類之中。其實這個形狀在熱力學中是最穩定的存在型態。不僅如此，這種型態在製作起司時還是一個重要關鍵。關於這一點，留待後述。

善用酪蛋白的起司特色③豐富的支鏈胺基酸

酪蛋白的特徵，就是製造肌肉時所需的白胺酸等「支鏈胺基酸」的含量相當豐富。支鏈胺基酸（Branched-Chain Amino Acid）是側鏈某處的碳原子，分支成數個其他碳原子的胺基酸。參考表4－1，應該就可以看出白胺酸的側鏈分支了出許多支鏈。支鏈胺基酸簡稱「BCAA」，能夠在肌肉組織裡發揮調整蛋白質的合成與分解等作用，以及在肝臟裡扮演代謝調節的信號功能，是近年來頗受矚目的胺基酸。因此有越來越多人，會在健身時「飲用BCAA來預防肌肉分解」。

白胺酸原本是從起司分離出來的白色物質，其名leucine來自希臘語中「白色」的意思。之後，人們又發現從肌肉與羊毛的蛋白質中也可以分離出白胺酸。

最近的研究指出，白胺酸一旦被肌肉細胞吸收，就會讓「哺乳動物雷帕黴素靶蛋白」（mTOR）這種基因型蛋白質開始運作，進而增加肌肉。擁有相同結構的，還有與白胺酸同為支鏈胺基酸的異白胺酸、纈胺酸。這些胺基酸同樣也含有豐富的酪蛋白，而且含有率在自然界的蛋白質中榮登首冠。

善用酪蛋白的起司特色 ④鈣質的儲藏庫

另外，酪蛋白的分子還會與大量的鈣離子（Ca^{2+}）鍵結，鈣離子則會與酪蛋白分子中的磷酸化絲胺酸鍵結。酪蛋白是由α_{s1}－酪蛋白、β－酪蛋白、κ－酪蛋白所構成，而這些成分

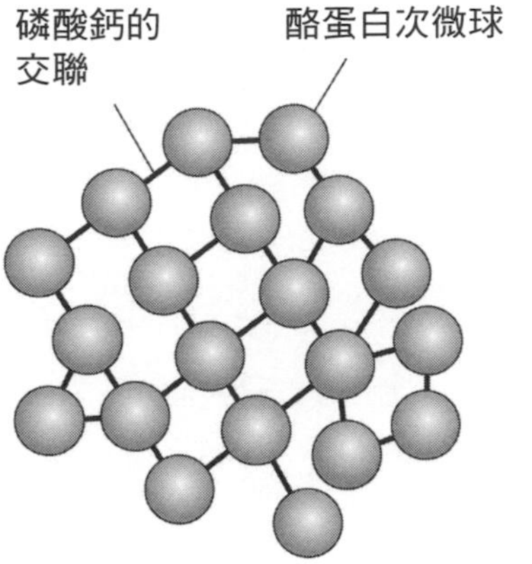

圖 4-5　磷酸鈣形成的「交聯」模樣

還各自擁有磷酸基。鈣離子會與這裡的某處相鍵結，進而產生「磷酸鈣」。

這些成分所形成的酪蛋白次微球相互鍵結之際，會因為磷酸鈣而形成如同架橋般的結構（圖4-5），這樣的鍵結結構稱為「交聯」。

因此，只要有1000粒酪蛋白次微球鍵結在一起，內部就能夠保存大量的磷酸鈣，形成一個充滿鈣質的寶庫。

這也是母牛為了讓小牛能更容易吸收鈣離子、促進骨骼生長而形成的機制之一。

製作起司時「乳清」是配角？

製造起司時的成分主角是酪蛋白。不過，佔了乳類整體蛋白質約20%的乳清蛋白，其實也有不容忽視的功用。

在製造熟成類起司時，加入凝固乳類的凝乳酵素雖然會使酪蛋白凝固，但是乳清並不會。乳清所含的蛋白質稱為「乳清蛋白」。如同這一章前面的圖A，也就是「天然起司的製作方式」中的④所示，大部分的國家在製造過程中都會將乳清丟棄，但其實這是一種可以高度利用的成分。

乳清蛋白的主要成分有β-乳球蛋白、α-乳白蛋白、乳鐵蛋白、免疫球蛋白與血清白蛋白。而之前提到的白胺酸、異白胺酸、纈胺酸這三種支鏈胺基酸，在前兩者中的含量尤其豐富，甚至比酪蛋白還要多一些。這些都是增肌效果極佳的成分，所以就增強肌肉這個目的來看，乳清或許不是配角。其實市面上的增肌專用的蛋白質，就有不少都是利用乳清來製作的。

今後，起司如果也能隨著健康志向的普及，使得人們越發重視功能性的話，乳清說不定就能受到更多關注。

乳脂肪也有明顯的特徵

介紹完酪蛋白與乳清等蛋白質之後，接著讓我們來看看乳類裡所含的脂肪——乳脂肪，其實乳脂肪也是一種獨特的脂肪。

牛乳中含有約3.9％的脂肪，其中有98％以上是名為「三酸甘油脂」的脂肪。構成乳脂肪骨架的脂質——甘油，共有三處地方擁有羥基（前述的官能基之一），而三酸甘油脂會讓脂肪酸與這三個羥基鍵結（採用酯鍵的形式），意即這三個地方的羥基會整個被填滿。若只有鍵結兩處的話稱為二酸甘油脂，一處的話稱為單醯基甘油。而將近九成的動物性脂肪是不屬於酸、也不屬於鹽基的中性脂肪，且絕大多數都是三酸甘油脂。

乳脂肪是由各種不同的脂肪酸所構成的，由於牛隻飼料中的牧草裡頭含有大量的亞麻油酸、次亞麻油酸群油等的不飽和脂肪酸，這些在牛隻體內會因為微生物而變成飽和脂肪酸，使得不飽和脂肪酸的數量銳減。於是乳脂肪的熔點會提高至10℃以上，所以用乳脂肪製作的奶油在室溫才會變成固體。

當知道乳脂肪的成分幾乎都是中性脂肪與飽和脂肪酸時，應該有不少人會認為，這豈不是會對人體造成肥胖或膽固醇過高等的健康問題？然而，如同我們在Q＆A的Q7中所說的，構成乳脂肪的主要脂肪酸裡含有豐富的揮發性脂肪酸（VFA）。揮發性脂肪酸與C（碳）鍵結的數量不到6個，而且如其名所示，這是一種容易揮發的脂肪酸，與「長鏈脂肪酸」（C為12至14個以上）等一般的脂肪酸相比，不僅容易轉換成能量，也不容易囤積在體內。揮發性脂肪酸裡頭有醋酸、丙酸及酪酸等物質，而乳脂肪當中含量最多的是酪酸，只要不過量攝取，乳脂肪其實非常容易消化吸收，因此不容易造成肥胖。

而這種脂肪酸相當特殊，除了牛隻等反芻類動物外，其他像肉類或魚類等動物性脂肪、甚至植物性脂肪都不含此種成分，算是乳脂肪的一大特徵。

此外製造起司時，揮發性脂肪酸是一項非常重要的風味成分。正因為有這個脂肪酸，起司才能夠隨著熟成散發出獨具特色的風味與香味。

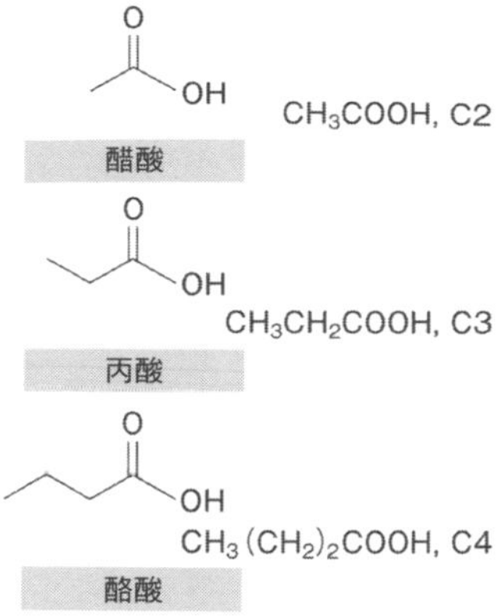

圖4-6　不容易囤積在體內的揮發性脂肪酸（VFA）

乳脂肪的脂質中含有約1%的磷脂，是構成細胞膜的主要成分，對我們人體相當重要。多數的磷脂會與覆蓋在乳脂肪球表面上的「乳脂肪球膜」（MFGM, Milk Fat Globule Membrane）鍵結，因此只要攝取起司的脂肪，就能攝取到充足的磷脂。

與其他成分相比，乳脂肪的科學研究進展

較為緩慢，不明之處數不勝數。以三酸甘油脂鍵結的3個羥基為例，其所鍵結的脂肪酸偏差甚大，像是乳脂肪裡含量最多的棕櫚酸，便只會與其中兩個羥基鍵結，僅留下一個未鍵結處，而其原因不明；另外，人類母乳中的棕櫚酸也只會與一個羥基鍵結，且比率只有60%。究竟牛與人類為何會出現如此差異，這樣的差異在生物學上又有何含義，目前完全不得而知。

不可缺少的「微乎其微」的乳糖

牛乳的固形物當中，成分最多的是什麼呢？那就是乳糖（lactose）。乳糖是由半乳糖與葡萄糖鍵結而來的。說到糖，乳糖的特徵就是味道不甜，因為其中所含的砂糖（蔗糖，sucrose）只佔了約16%。至於其原因，不知道是不是因為怕太甜的話小牛會喝不多，就像我們也無法吃下太多甜膩的紅豆湯，不是嗎？

而乳糖，其實是起司熟成時不可或缺的重要成分。

製作起司時，凝乳後細切的起司凝塊，其釋出的乳清會被濾除。然而乳糖主要存在於乳清之中，因此濾除乳清的同時，也會一併將起司中的乳糖去除90至95%（也就是說，起司裡頭幾乎不含乳糖，非常適合只要一喝乳品就會不適的「乳糖不適症」的人）。

但若去除了全部的乳糖，就會無法做出起司。因為起司熟成時不可或缺的乳酸菌，在漫長的熟成期間，就是依靠起司內所剩不多的乳糖作為唯一的營養來源。

但相反地，若沒有將起司凝塊釋出的乳清濾除乾淨，使得起司中殘留過多的乳糖，就會導致雜菌滋生、異常發酵（起司會因為異常的酸味或氣體而膨脹）。起司中濾除的乳清分量會以「起司凝塊含水量」這個數值來標示，坦白說是一項非常難掌控的製作過程。

潛藏在牛乳裡的礦物質特徵

牛乳裡約有0.7%的礦物質。我們剛才提到，其中的鈣會因為磷酸鈣的交聯而與酪蛋白次微球鍵結在一起。

詳細來說，每1ml的牛乳裡所含的鈣約1mg。這當中，有將近60%的鈣會組成酪蛋白次微球，30%化為磷酸鹽與檸檬酸鹽，剩下的10%則是處於游離狀態。由於鈣幾乎都會與磷酸鍵結，因此磷與鈣的存在比率差不多為1比1。像這樣磷與鈣的存在比率幾乎相同的食品，在自然界中非常稀少，是乳類的一大特色。這情況也說明了，乳類作為母親提供給幼體的食品是經過分子設計的。

此外，牛乳的礦物質還有另一個特徵是鈉含量低，且相對地鉀含量是鈉的3倍。

另外，牛乳不含鋁元素也是特徵之一。鋁對於哺乳動物體內進行的酵素反應並沒有必需性，雖然目前仍未闡明牛乳中不含鋁的原因，不過曾有報告指出阿茲海默症患者的大腦裡囤積了高濃度的鋁，就這點來看，將不需要的礦物質排除在外也是牛乳的重要性質。

製作起司的最佳牛乳

起司是一種扣除掉水分後，蛋白質與脂肪分量幾乎相同的食品。這裡的蛋白質大多是酪蛋白，而作為原料的乳類當中，酪蛋白的含量因牛隻種類而異。作為原料乳，酪蛋白含量較高的乳質會因為產額高而得到喜愛，知名的有娟姍牛、愛爾夏牛與瑞士黃牛，這些都是能夠產出高酪蛋白含量的乳牛。

根據2014年調查，日本國內目前飼養將近140萬頭的荷蘭牛（一般乳牛），而其中的娟姍牛只有1萬頭，而且幾乎都是為了觀光所飼養的。這種牛在日本可能會讓人覺得十分珍貴，但當我到美國加州的農家訪問時，光是一戶人家就養了約3千頭的娟姍牛。這戶農家受到附近名為HILMAR的起司公司委託，是專門飼養娟姍牛的農家，而正如大家所想的，這家公司製造銷售的正是美味可口的起司。

就全球產量來看，用荷蘭牛乳製成的起司數量最多。若今後日本在起司製造方面也能日漸興盛的話，生產高酪蛋白、高蛋白質牛乳的乳牛說不定也會隨之增加。

為什麼不能「超高溫瞬間殺菌」？

起司的原料乳，在乳牛的飼養與擠乳技術的日益進步下，微生物含量少的優良生乳逐年增加，也因此有時可以不經加熱殺菌就直接使用。據說在法國與義大利，就有四分之一的起司是使用無殺菌乳來製作。不過在法國AOC認證的起司當中，也有對於無殺菌乳的使用規定非常嚴格的起司。

不過，世界各地生產的市售起司，其使用的原料乳大部分都已經過加熱殺菌。日本法律亦規定，日本國產的起司有義務要使用加熱殺菌過的原料乳；而在美國，使用無殺菌乳來製作起司，則必須遵守熟成超過六十天的附帶條件。雖然每個國家的規定各不相同，但經過加熱的原料乳其異常發酵的現象會減少，在運輸與保存的過程中，也能夠排除因李斯特菌與金黃葡萄球菌增加而引起食物中毒的危險。

只不過起司原料乳在殺菌加熱時，一定要在低溫的環境下進行。常用的有以63℃的溫度加熱30分鐘、保持殺菌環境（固定溫度、固定時間的殺菌法）的「ＬＴＬＴ法」；以及用72℃的溫度加熱15秒以上，高溫短時間殺菌的「ＨＴＳＴ法」。在山上或小型起司工廠製作起司時，通常會採用ＬＴＬＴ法；但如果是在設備近代化的工廠製作，普遍會使用可以在短時間內有效地將大量牛乳殺菌的ＨＴＳＴ法。

而我們平常所喝的一般牛奶，採用的則是世界上最普遍、以１３０℃以上的超高溫瞬間殺菌的「ＵＨＴ法」（超高溫瞬間殺菌法）。那為什麼起司的原料乳在殺菌時不使用這種方法呢？照理說，這種方法應該可以將李斯特菌、酪酸菌，甚至芽孢菌全部都撲滅才是。

其原因在於，用超高溫殺菌過的牛乳，即便含有凝乳酵素，也會出現乳類無法凝固結塊、或是需要很長時間才能凝固（凝固延遲）的現象。在製作起司時，這樣的情況是致命傷。因為在乳類尚未凝固的這段期間，空氣中會落下許多細菌，往往會導致起司的原料乳被微生物給汙染，進而引起異常發酵。

那麼為何經過超高溫殺菌後，起司的原料乳就會無法凝固結塊呢？這是因為裡頭已經有數種乳蛋白變性了。

牛乳的乳清蛋白其主要成分，是α-乳白蛋白與β-乳球蛋白的分子裡富含的胺基酸——半胱胺酸（cysteine）。半胱胺酸在成人體內是可以製作的非必需胺基酸，但對於嬰兒而言，卻是重要的必需胺基酸。在乳清蛋白裡，半胱胺酸的含量其實比其他蛋白質還要多。

半胱胺酸是由兩種分子攜手合作，製作成名為「ＳＳ鍵（雙硫鍵）」的強力鍵結（圖4-7）。但當ＳＳ鍵經過高溫加熱時，鍵結就會斷裂成兩個「ＳＨ基（硫醇）」，如此一來就會非常容易與其他ＳＨ基產生反應。不過冷卻之後，ＳＨ基卻又會再次鍵結成ＳＳ鍵。

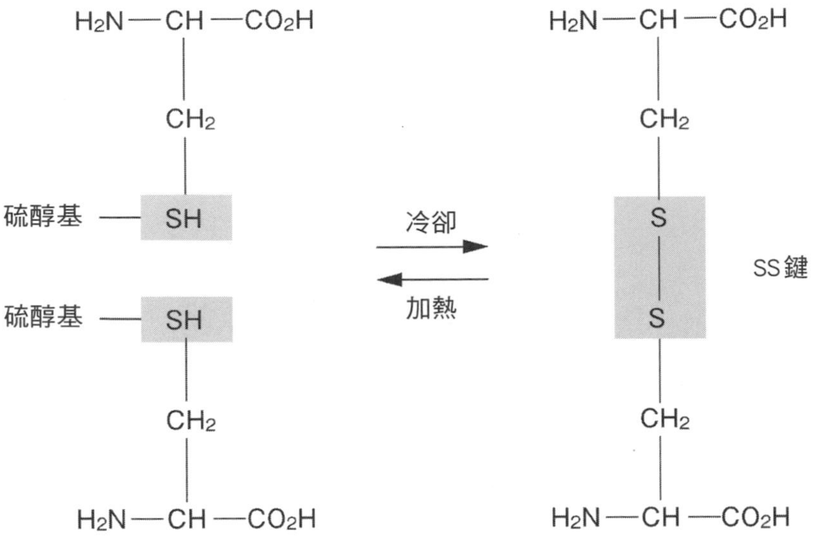

圖 4-7　SS鍵的模樣

殺菌時隨著原料乳的溫度慢慢升高，半胱胺酸的分子也會開始活絡。在溫度不甚高的低溫殺菌中，這些反應只會在α-乳白蛋白與β-乳球蛋白的分子之間進行；但溫度如果升高，與其他蛋白質之間也會出現這些反應。

舉例來說，大量存在於酪蛋白微團表面的κ-酪蛋白，也會擁有一個這樣的SS鍵，只要一加熱，SS鍵就會形成SH基。而在UHT法這種超過130℃的超高溫環境底下，從乳清蛋白的α-乳白蛋白、β-乳球蛋白分出的SH基，就會與酪蛋白微團表面的κ-酪蛋白其SH基產生反應。

冷卻之後，就會產生分了相互替換的重組體，使酪蛋白微團的表面覆蓋一層乳清蛋白，如此一來，添加的凝乳酵素就會無法靠近，也不能分解酪蛋白。在這種情況下，乳類就會無法凝固；就算可以凝固，速度也會非常緩慢。

而這就是起司的原料乳絕對不可以高溫殺菌的原因。

第5章

乳酸菌與發酵的科學

過去人們利用乳類原有的乳酸菌與棲息在洞穴的天然黴菌來製造起司；現代的起司產業則是精選、培養出色的菌種，利用人為發酵的方式大量生產起司。而從古至今都未改變的，是製造起司不能沒有菌類這件事。接下來，就讓我們更深入探討有關乳酸菌。

命運從一開始就決定了？乳酸菌菌酛

一般的起司製作，是從在原料乳中添加名為「菌酛」（starter）的乳酸菌開始的。有的菌酛是單一種類的單菌，有的則是結合了3～5個種類的菌。

而用來作為菌酛的乳酸菌，通常都是從「乳酸菌庫」中挑選的萬中選一的「菁英」。

提到菌酛，除了切達起司是用單一乳酸菌發酵熟成的之外，絕大多數的起司都是由好幾種乳酸菌所構成的，稱之為「混合菌酛」。如今有越來越多種類的乳酸菌陸續被發現，

型態	菌名	乳酸發酵型	培養溫度（℃）	最高酸度（%）	雙乙醯
球菌	*Lc. lactis sp. lactis*	同質	30	0.7～0.9	－
球菌	*Lc. lactis sp. cremoris*	同質	20～30	0.7～0.9	－
球菌	*Lc. lactis sp. lactis bv. diacetylactis*	同質	30	0.7～0.9	＋
球菌	*Leu. mesenteroides sp. cremoris*	異質	20～25	幾乎沒有	＋
球菌	*Str. thermophilus*	同質	34～37	0.7～0.9	－
桿菌	*Lb. delbrueckii sp. bulgaricus*	同質	37～43	1.5～1.7	－
桿菌	*Lb. delbrueckii sp. bulgaricus*	同質	37～43	1.5～1.7	－
桿菌	*Lb. helveticus*	同質	37～43	2.5～2.7	－

Lc.：*Lactococcus*（乳酸乳球菌）　*sp.*：*subspecies*（亞種）
Leu.：*Leuconostoc*（白色念珠菌屬）　*Lb.*：*Lactobacillus*（乳桿菌屬）

表5-1　作為菌酛使用的代表性乳酸菌

但起司畢竟是食品，不可能從多如繁星的乳酸菌中任意挑選製作，必須根據傳統，選擇經歷悠久、卓越出色的乳酸菌才行。目前可以作為起司菌酛的代表性乳酸菌有8種（表5-1），且市面上還可以買到根據起司種類，將菌株依照不同比例調配的菌酛。

在作為菌酛的乳酸菌添加至原料乳之前，會在殺菌的脫脂乳中分三次進行培養，以加強乳酸菌在乳汁中的增殖能力（分解乳糖的能力）。而利用此種繼代培養的方式慢慢提升乳酸菌活性的培養法，就稱為「新鮮培養法」。只要在脫脂乳中添加約1～3%活性發揮到最高的第三代乳酸菌，就會開始進行乳酸發酵。這就是起司製作的起點。

由於管理菌酛並不容易，因此中小型的乳類工廠、規模較小的酪農、或是起司工房，通常都會向專業的菌酛製造商（又稱供應者）購買混合菌酛來使用。菌酛製造商擁有網羅多數乳酸菌的菌庫，藉由組合搭配數種菌株，進而從中挑選出不容易產生苦味、熟成能力卓越出色的乳酸菌。

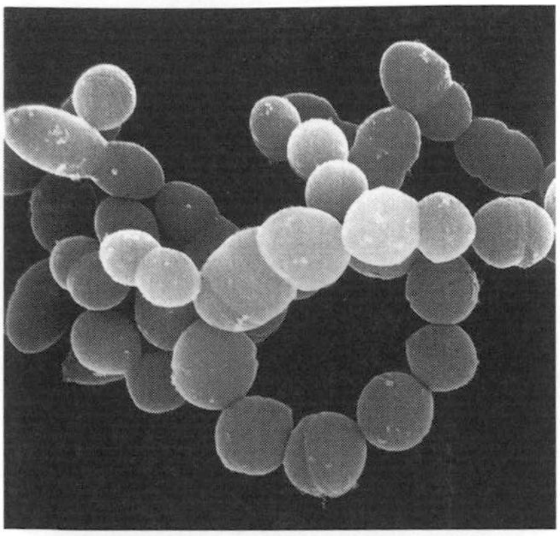

圖 5-1　乳酸乳球菌

用來製作起司的菌酛當中，最常用的是乳酸乳球菌（*Lactococcus lactis*）。其在顯微鏡下的模樣如圖 5-1 所示。如果是混合菌酛的話，就會將乳酸乳球菌與其他乳酸菌做組合。

乳酸菌的組合方式因製造起司的種類而異，型態琳瑯滿目。像是長期熟成的起司，多少會有受到雜菌影響而出現異常發酵的可能性，因此在起司凝塊排除乳清的過程當中，必須加熱超過45℃以提升殺菌效果。如前所述，硬質類起司是包含這個步驟在內的起司，因此在這種情況下，菌酛勢必要使用即使經過高溫加熱也不會失去活性、可以耐高溫的乳酸菌。

而沒有與乳清一同加熱到至少45℃這個步驟的，便是半硬質類的起司。若是此種情況，就不須要添加耐熱性的乳酸菌。

菌酛的型態有液狀、粉狀（凍結乾燥而成的）、凍結這三種。粉狀與凍結的菌酛經過濃縮且提高菌數，可以直接接種在第三代培養基裡；若是繼續提高菌數，甚至可以直接添加在原料乳之中。這些便稱為「濃縮菌酛」，在製造現場作業性佳、受雜菌等物質汙染的危險性也低，近來在全世界被廣泛使用。另外，和後者一樣直接將菌酛添加在盛裝起司原料乳的起司槽（高度較低的淺盆容器）中的方法，則稱為「ＤＶＩ法」（直投式發酵劑，Direct Vat Inoculation）。最近起司製造業最常採用的，就是ＤＶＩ法。

菌酛的組合方式幾乎可說是無窮無盡。若能組合不同內容，應該就能生產出香味與滋味前所未見的起司，而其中，甚至可能出現全新的起司種類也說不定。

乳酸發酵的重要性

添加菌酛之後靜置三十分鐘至一個小時，便進入「乳酸發酵」的階段。所謂乳酸發酵，指的是乳酸菌將乳糖中的葡萄糖分解、取出熱量後，以代謝物的身分製造乳酸的反應（圖５－２）。

這個作用與我們動物在肌肉中分解葡萄糖以得到熱量的「醣解」作用幾乎相同，乳酸菌在這個發酵過程中，會化為高能磷酸鍵，從中得到「ＡＴＰ（三磷酸腺核苷）」。而ＡＴＰ在我們人體中是一種非常重要的化合物，幾乎可以譽名為「能量貨幣」。乳酸發酵的化學式，如下所示：

$$C_6H_{12}O_6 + 2ADP + 2Pi \rightarrow 2CH_3CHOHCOOH + 2ATP$$

葡萄糖　腺核苷二磷酸　乳酸　三磷酸腺核苷

乳酸發酵與肌肉醣解都是在沒有氧氣，也就是厭氧的條件之下進行的反應。在這個反應之中，ＡＴＰ只能得到兩個分子。

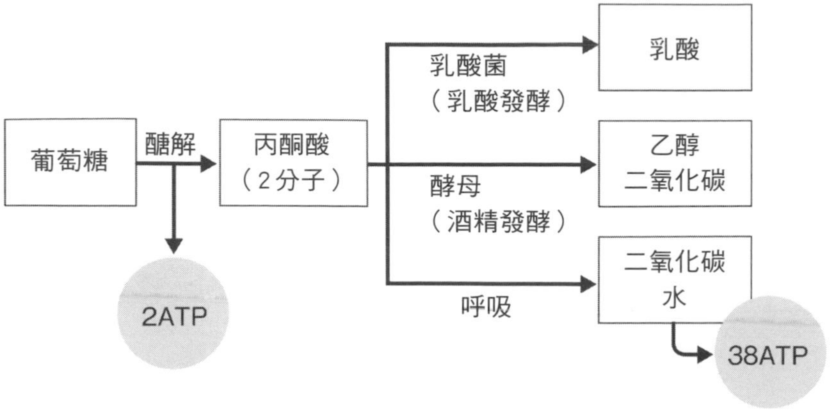

圖5-2　**乳酸發酵**（與酒精發酵及呼吸的比較）

另一方面，在有氧氣，也就是嗜氧的條件下進行的醣解作用稱為「呼吸」。這是從葡萄糖中取出熱量，讓水與二氧化碳代謝的反應，可因此得到38個分子的ATP，也就是厭氧發酵的19倍。由此可以看出，想要獲得能量時厭氧發酵是一種效率非常差的方法。像是用來釀酒的酵母在進行發酵時，通常會以氧氣之有無為條件來決定要以何種形式發酵；若是和葡萄酒一樣在缺乏氧氣的環境下發酵，就會變成和乳酸菌相同的厭氧發酵（酒精發酵）。在這種情況下，就只能得到2個ATP分子。

而乳酸發酵大致可以分為兩條途徑，那就是「同質發酵」與「異質發酵」（圖5－3）。

在同質發酵中，葡萄糖會被磷酸化變成葡萄

糖－6－磷酸鹽，而形成的分子會一分為二，變成甘油醛－3－磷酸酯，再經由丙酮酸發酵成乳酸。

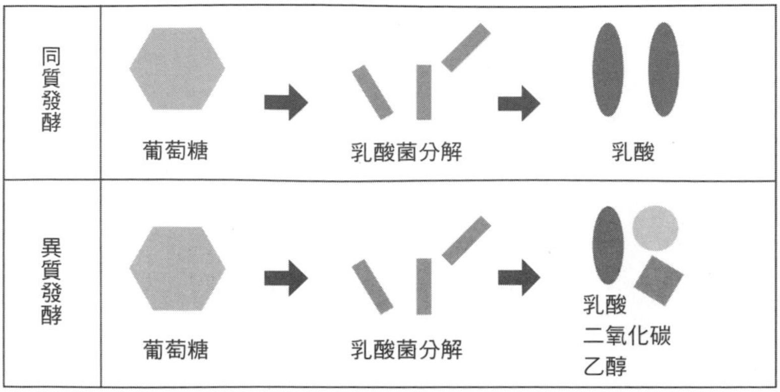

圖 5-3　同質發酵與異質發酵

不同於同質發酵，異質發酵會產生碳酸氣（二氧化碳）或乙醇等代謝物。在製作起司時，並不希望起司組織因為發酵所產生的氣體而膨脹，因此一般都會選擇同質發酵。不過有時為了製造出有小氣孔、質地細膩的起司組織，也會以適當的比例將同質發酵與異質發酵結合。

例如在本書中登場過數次的埃文達起司，一旦開始熟成後，就會被放入保溫箱（incubator）中加溫，讓名為「異型發酵乳酸菌」的丙酸桿菌急速增殖。組織內的碳酸氣會大量增加，進而製造出直徑約12～25mm的「起司眼」，成為這款起司的一大特色。

為什麼要進行這樣的乳酸發酵呢？如下所示，這段過程其實扮演著幾個非常重要的角色，但卻鮮為人知。

① 抑制雜菌繁殖

只要乳酸菌製作出乳酸，菌體周圍以及原料乳的pH值就會急速下降，變成酸性，營造出抑制雜菌生長繁殖的環境。

② 順利讓乳汁凝固

一旦乳酸發揮作用，游離的鈣離子（正電）增加，酪蛋白微團表層的負電就會得到中和，讓凝乳酵素添加後能夠順利凝固。

③ 提高凝乳酵素的活性

乳酸發揮作用後，乳汁的pH值就會降至pH 6.2，是凝乳酵素最為活絡的數值，如此一來就能將凝乳酵素的添加量降至最低。這就是後面會提到的抑制胜肽這個苦味成分的方法。

④ 儘量增加乳酸菌的數量

為了後續的熟成，此階段要儘量增加乳酸菌的數量。這個期間可以說是增加未來可提供酵素的菌絲體莢膜。

⑤ 分解乳成分

除了乳糖，乳酸菌還能夠分解乳蛋白與乳脂肪。

乳酸菌也要「靠行家」

用來製作起司的乳酸菌，通常會被要求具有一種特質，那就是要能讓酪蛋白等乳蛋白的分解作用「穩定」進行。若是分解作用太強，酪蛋白就會因為被切得過碎而導致熟成急速進行，如此一來起司的風味就會不夠圓潤、苦味過於明顯。因此，使用能夠勤奮工作，但是不會過於激進的乳酸菌就顯得相當重要，甚至可說是決定「起司品格」的關鍵。用現在的流行語來說的話，我們要挑選的不是「肉食系」，而是「草食系」的乳酸菌。

舉例來說，若問製作優格的乳酸菌是否能用來製作起司，得到的答案會是NO。因為用來製作優格的，是選用可以在短時間內分解乳糖、製造乳酸能力強的乳酸菌，但卻不擅於分解酪蛋白。因此在乳酸菌的世界裡，事事還是要靠「內行人」才行。

如果是製作起司，大家都會希望用當地自然環境中的乳酸菌作為菌酛，這樣才能充分展現出地區與生產者的獨特性。可惜這種農家生產的起司並無法穩定提供乳酸菌，在這種情況下，又怎能夠應對現代大量生產的系統呢？所以精選出乳酸菌、再大量地自家培養，才會成為現在製造起司的主要方法。

但這對於中小型乳業製造商、私人製造等的起司生產規模而言，要找到專業技術人員與設備來進行菌株的管理、維持，其實相當不容易。在這種情況下，取而代之的是剛才提到的專業菌酛製造商。例如總部位於丹麥的科漢森股份有限公司（Chr. Hansen），就能穩定生產用來製作優格、起司等各式各樣的乳酸菌菌酛，並供全世界使用。但另一方面，某些大型企業由於乳酸菌用量龐大，若從市上面購買價格會過於昂貴、且有風險，因此為了生產出優越、風味獨特、且足以與他社做出區別的起司，大型企業通常會在自家工廠製作脫脂乳培養基，以便大量培養乳酸菌菌酛。

而除了乳酸菌之外，製造起司時還會使用到其他菌。諸如在製造埃文達起司時，為了要出現起司眼而添加的丙酸桿菌；以及洗皮類起司所使用的類似納豆菌的嗜氧性微生物——亞麻短桿菌。只要將此種菌與淡食鹽水混合後用來清洗起司表面，此種菌就能在起司表面繁殖並讓內部熟成。蛋白質會因此分解，製造出甲硫胺酸、色胺酸、酪胺酸等胺基酸，進而散發出甲基硫醇、吲哚、多酚等洗皮起司特有的強烈香味。

乳酸菌具備的絕妙防禦系統

自然界中存在著乳酸菌的「天敵」，那就是噬菌體（bacteriophage），英文又稱為「phage」。乳酸菌一旦感染噬菌體，就會發酵不良或停滯（無法製作乳酸），甚至死亡（溶菌：菌體整個溶解）。對我們來說，食用噬菌體固然無礙，但是乳酸菌卻無法抵抗這種噬菌體。

若使用的乳酸菌菌酛只有一種，或者是長期重複使用相同的乳酸菌來進行繼代培養的話，就會非常容易感染噬菌體。因此起司產業會將好幾種乳酸菌組合在一起，儘量避免常用同一種菌，輪替交換著使用乳酸菌菌酛。

說來或許有些專業，乳酸乳球菌裡頭至少有三種抗噬菌體結構。分別為讓乳酸菌表面的受體（receptor）產生變化，進而阻擋噬菌體的附著阻礙結構；分解噬菌體DNA的限制修飾結構；以及阻止噬菌體DNA增殖的感染不良結構。掌控這些結構的並不是染色體，而是質體（plasmid），是一種因為細胞分裂而繼承性質，但卻不屬於染色體的DNA分子。令人驚訝的是，相同的質體通常會有兩種抗體結構，也就是天生就具備能夠保護自己，以對抗噬菌體攻擊的技巧。可見乳酸菌雖然微小，卻是一種構造極為巧妙的生命體。

另外，使用無殺菌乳製造的起司，若是有經過長期熟成就不須過於擔心；但如果是很快就要食用的軟質起司，就有可能會感染李斯特菌。在這種情況下，乳酸乳球菌有時會對其他微生物（尤其是同屬的菌），產生能夠展現抗菌活性以阻礙其生長的抗菌肽——「乳酸鏈球菌素」（nisin）。只要我們在最初製作起司時添加乳酸鏈球菌素到原料乳裡，就能夠趁早抑制有害菌生長。而進入熟成期間後，乳酸鏈球菌素就會被乳酸菌分解，活性也會隨之消失，因此不須過於擔心。

目前日本仍規定起司的原料乳都必需經過加熱殺菌這個步驟。日後若有機會使用無殺菌乳，屆時乳酸鏈球菌素說不定就能大顯身手了。

基因工程與起司產業的關係

現今，基因工程等技術也開始被應用在各種菌類上，甚至在起司的製作現場中大放異彩。像是在人們的研究下，發現大腸桿菌是一種安全的微生物，而且還會為我們製造各種有用的蛋白質。在製造起司方面，我們可以利用基因改造的手法讓凝乳酵素中的凝乳酶培養出大量的大腸桿菌，以彌補天然小牛酵素（為了凝固乳汁而從小牛的第四個胃取出的酵素）的不足。而除了大腸桿菌外，我們還可以將凝乳酶基因，與酵母、黴菌等眾多微生物組合在一起藉此製造凝乳酶，這種方法也在世界各地被普遍使用來製造起司。在厚生勞動省的許可下，現在日本已經可以將基因工程凝乳酶作為食品添加物來使用，不過由於一些主要的乳業公司在使用上態度非常謹慎，因此尚未出現實際成果。

起司的乳酸菌菌酛，也就是乳酸乳球菌，在歐洲早已展開基因工程的研究。尤其是*Lc. lactis* IL1403菌，更是第一個乳酸菌的基因體（染色體的ＤＮＡ序列資訊）得到解讀的菌株，使得之後的乳酸菌研究得以飛躍性的發展。在基因工程多方的「修飾」之下，現在已經能製造出可彌補以往乳酸菌缺點或弱點的超級乳酸菌了。

但不管是日本還是歐洲，以基因工程製造的乳酸菌體仍不被准許直接用來製作起司等食品。待將來基因工程乳酸菌的安全性確認無虞、被核可使用時，說不定就能製造出前所未有、口味創新的起司了。

CHEESE COLUMN

培養乳酸菌的專家

2002年，身為乳類專家的我，有幸得以同行美國乳製品輸出協會企劃的「美國乳清參觀團」的視察旅行。位在美國西海岸的加州，當時正掀起一股興建大型起司製造工廠與起司乳清處理工廠的風潮。我們在參觀其中一間工廠時，從廠長口中聽到一些有趣的事。

這間工廠每天都要生產大量的起司，因此製作起司時不可或缺的菌酛用量也是不容小覷。其實市面上購買的菌酛能對抗噬菌體、品質也很優良，但就是價格居高不下；於是該公司在工廠裡設置了巨大的培養槽，自家大量生產菌酛專用的乳酸菌。負責培養的人是從數百名員工當中招募，且提供優渥的薪水，當然應徵的員工也不計其數。公司在挑選負責人時，主要的審查項目除了員工的工作態度，私下的日常生活也受到嚴格的調查，以確認他是一個「愛乾淨、個性誠實」的人。

最後在眾多員工當中，有三位脫穎而出，碰巧的是三位都是女性。她們每天要從一般員工不可任意進出的專用入口進入工廠，穿上專用的衣服。工作的一整天幾乎與世隔離，沒有和任何人接觸，也不能交談，只能專注於讓乳酸菌在沒有雜菌混入的情況下大量增殖的作業中。最後再從專用出口回家。

儘管薪資優渥，但是她們這些「孤獨的專業人士」卻讓人印象深刻，成為此次視察旅行中的熱門話題。

CHEESE COLUMN

乳酸菌研究人員與技術人員不可食用的食品

乳酸菌研究人員與從事起司製造業的技術人員，其實有一樣不可以吃、或應儘量少吃的食品，大家知道是什麼嗎？

那就是「納豆」。製作納豆時不可或缺的納豆菌，是學名為納豆枯草桿菌（*Bacillus subtilis Natto*）的嗜氧性細菌（意即有氧氣就會不斷增殖的菌類）。傳統的「稻草納豆」在製作時會先用稻草將蒸熟的大豆包起來，只要一加熱，裡頭所含的納豆菌就會旺盛繁殖，變成具黏性且風味獨特的美味納豆。

不過此種納豆菌又稱為內生孢子菌，在菌體增殖的同時，也會製造出無數的「孢子」。食用納豆的人身上會沾上孢子，甚至帶進研究室裡，由於乳酸菌是一種討厭氧氣的通性厭氧菌，因此在空氣中增殖的速度會完全敗給納豆菌。

不管這些乳酸菌的研究人員、技術人員有多喜歡納豆，平時用餐的時候都得忍住。雖然在美國起司工廠的從業人員應該不會吃完納豆後再去上班，但對於在日本起司工廠工作的各位而言，除了無奈還是無奈。

不過，由於在美國還是到處都有枯草芽孢桿菌（*Bacillus subtilis*）這種納豆菌的同類，所以還是要留意。

我也曾在電視上看過，製造清酒的釀酒技術人員也要避開納豆。因為清酒製造商在進行「殺菌處理」這個階段之前，必須盡量避免火落菌（hiochi bacteria）等有害的乳酸菌混入其中，因此也要避免沾上納豆菌的孢子。由此可知從事相關工作的人對於自己的飲食生活可說是步步為營，請大家別忘了菌相關從業人員們所付出的辛勞。

第6章

凝乳的科學

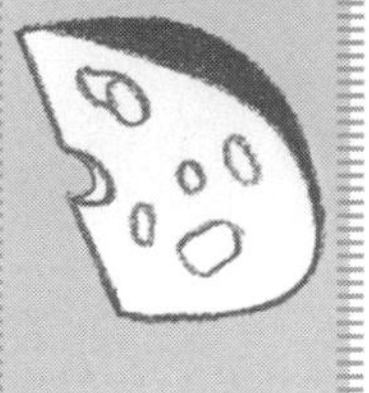

我們在第1章簡單提到西方起司最大的特徵，就是使用凝乳酵素來凝固乳汁，以便取出酪蛋白。但是這類的酵素，在蒙古與尼泊爾製作的東方起司卻完全不會使用到。

接下來我們要在這一章揭開凝乳現象的神祕面紗，探討為什麼用酵素就能夠讓乳汁凝固，並站在科學的觀點，思考凝乳之後進行的濾除起司乳清的工程。

四大凝乳酵素

大家應該知道，乳汁裡只要添加檸檬汁或食用醋等酸性物質就會開始凝固。這是因為乳蛋白的主要成分酪蛋白，在接觸到酸性物質後pH值會降至4.6～6之間，進而出現「等電點沉澱」的凝固現象。像優格（發酵乳）就是藉由乳酸菌的乳酸，讓酪蛋白的pH值降到5以下，進而出現等電點沉澱所製成的，其原理完全相同。

然而起司卻不會像優格那樣變酸，是因為起司在凝固時所採用的，是與降低pH值這個凝固方式截然不同的原理。起司使用的是凝乳酵素（主要成分為凝乳酶）。

世界各地在製造起司時經常使用的凝乳酵素有以下這四種，第一個是真正的凝乳酵素，其他三者則是作為凝乳酵素的替代品而開發。

①天然小牛酵素

又稱「標準凝乳酵素」，英文為「calf rennet」。這種酵素是利用出生僅數週（十至三十天），尚未斷奶的小牛的第四個胃製成。

將小牛的胃袋洗淨、撒鹽、自然風乾之後切碎浸泡在食鹽水裡，就能得到凝乳酵素的萃取液。每一頭小牛的第四個胃可採取約1kg的凝乳酶。凝乳酵素是蛋白質的分解酵素（又稱為蛋白酶，protease），主要成分的凝乳酶佔了88～99％，副成分的胃蛋白酶則是佔了6～12％。

不過現在天然小牛酵素已經成為相當貴重的物品，再加上凝乳酵素中所含的胃蛋白酶會讓起司產生苦味，因此添加時分量都會盡量壓到最低。不過有的起司商品會利用工業技術去除胃蛋白酶，將凝乳酶的分量提升至96％。

② 微生物凝乳酵素

1960年代，全球食用肉的需求量急速增加。小牛是為了食用而養育的，這使得凝乳酵素的原料，也就是小牛的胃袋數量銳減，導致天然小牛酵素供應不足（之後2000年代又因為牛海綿狀腦病〔狂牛症，BSE〕的問題，讓小牛越顯珍貴）。

為此，人們利用微生物開發凝乳酵素，藉以替代凝乳酶。1962年，東京大學有馬啓博士在土壤裡發現了一種具有凝乳活性的毛黴（菌絲狀真菌）——小假根毛黴（*Rhizomucor pusillus*），之後又發現米氏假根毛黴（*Rhizomucor miehei*）與真菌栗疫病菌（*Endothia paracitica*）也含有凝乳酵素，並將其商品化。微生物凝乳酵素用來製作起司時多少會有一些苦味，但是味道並沒有接下來要談論的植物凝乳酵素那麼重。包含日本在內，微生物凝乳酵素在世界各地使用的情況非常普遍，這也讓有馬博士被譽名為「世界上拯救小牛的研究員」。不僅如此，這種酵素的價格只有天然小牛酵素的一半，是非常經濟實惠的替代酵素。

③ 植物凝乳酵素

從無花果樹液萃取的「無花果蛋白酶」（ficin）、木瓜的「木瓜蛋白酶」（papain）、鳳梨的「鳳梨蛋白酶」（bromelain）等蛋白質分解酵素也具有凝乳作用。在印度等視牛為神聖之物的國度裡，絕對不可能使用天然小牛酵素；於是人們試圖從植物中探索、發現了替代酵素。但是此種酵素最大的缺點，就是單獨使用時起司的味道會變得非常苦，因此僅能在小規模地區使用，無法擴大至工業化加以生產或利用。

④發酵生產凝乳酶（FPC）

又稱為「基因工程凝乳酵素」、「生物凝乳酶」或「基因工程凝乳酶」，也就是透過基因工程手法、以人工製成的凝乳酵素。這種方法僅將凝乳酶（chymosin）的構造基因植入微生物（大腸桿菌、黴菌或酵母）之中，是不含胃蛋白酶的100％凝乳酶，幾乎不含苦味。價格約天然小牛酵素的七成左右。

具代表性的有CHY-MAX與Maxiren（DSM，帝斯曼公司）這兩家公司的產品，日本亦有販賣。

凝乳酶添加量減少的原因

凝乳酵素凝固乳汁的能力（稱為凝乳活性），是用每1ml或每1g的凝乳酵素在

35℃的環境下放置四十分鐘後，其所凝固的牛乳毫升數或公克數來表示的。微生物凝乳酵素、發酵生產凝乳酶等市售品的凝乳活性非常強。與天然小牛酵素相比，液體類的產量是其1萬至1.5萬倍，粉類則是10萬至15萬倍，可以看出只需要微量酵素，就能夠讓大量的乳汁凝固。

日本大型乳業公司在製造起司時，常會向CHY-MAX購買來自紐西蘭的小牛凝乳酵素。會像這樣使用天然小牛酵素的，現在只有日本、韓國與荷蘭等少數國家；世界各國還是以發酵生產凝乳酶為主流，這使得小牛凝乳酵素在凝乳酶市場上的比例逐漸下降至一成以下。無論如何，今後想使用小牛凝乳酵素來製造起司應該會越來越不容易。

使用小牛凝乳酵素來製造起司在全球各地逐漸減少的原因，有以下三點：

①想要節省昂貴的酵素費用
②基於愛護動物的觀點（因為要犧牲出生後僅過數週的小牛）
③抑制苦味產生

凝乳酶是一種酵素，因此有最為活絡的「最適pH值」。而凝乳酶的最適pH值約在6.2，屬於酸性領域，若要讓pH值6.5～7的乳汁凝固，勢必要添加不少酵素，但大量添加的酵素卻是導致苦味的因素。剛才我們提到在起司原料乳中添加乳酸菌、進行乳酸發酵的目的之一，就是提高凝乳酵素的活性；這麼做就是為了讓乳汁的pH值更接近凝乳酶的最適pH值，以極力減少添加酵素的量。

雖然使用小牛凝乳酵素的機會越來越少，但有趣的是，我們發現人們會為了讓起司嚐起來像是用天然小牛酵素製成的，而刻意在發酵生產凝乳酶中添加微量的胃蛋白酶、增添苦味，這樣的舉動簡直是畫蛇添足。

感動的那一刻——凝乳

起司原料乳會因為乳酸發酵而變成酸性。此時的pH值約為6.2，酸度（以乳酸濃度來計算）是0．15～0．22％，這時會添加凝乳酵素，於是填滿起司槽的原料乳就會變成一大塊凝塊。這個變化會在瞬間發生，而讓牛奶（液體）變成固體的現象即稱為「凝乳」。

在工廠參觀的人如果看到這種現象，應該能感受到乳類的神祕性。那就讓我們來想像一下，凝乳的那一瞬間是什麼情況吧。

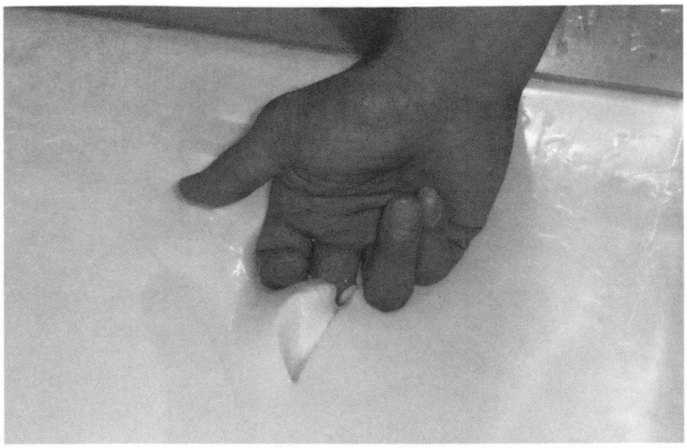

圖6-1　凝乳的那一刻

先在填滿原料乳的起司槽裡添加少許凝乳酵素，靜待一段時間。這是一段須要耐心等待的重要時刻。

三十分鐘過後，看看起司槽。

哇！槽裡的原料乳變成一大塊「凝塊」了。這樣的凝乳現象，只能用神祕來形容。如果有機會，大家務必要親自體驗一次看看，真的會令人感動不已。

我每年都會在東北大學農學部的附屬教育研究中心（宮城縣），指導應用動物科學課程的三年級學生實習如何製造奶油起司。而且是用大約400kg的生乳製造真正的高達起司。這時候我都會讓學生一個一個地把手指伸入起司槽中，體驗一下凝乳的狀態。切身感受到原料乳慢慢凝結成塊的學生們，都會忍不住齊聲發出「哇——」的讚嘆聲，那份感動也會喧染到我們這些教師。我想在今後的人生中，這些學生應該很少有人會再製作起司，所以我希望他們能夠好好珍惜這一刻。

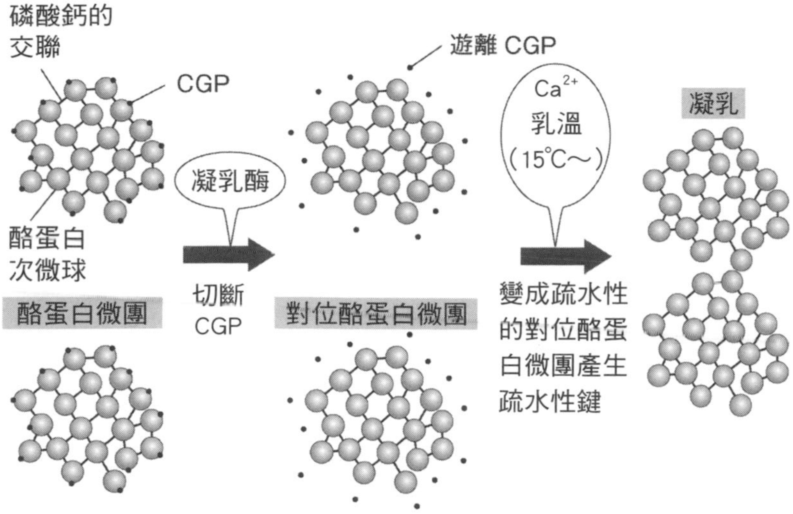

圖6-2　凝乳的機制

「凝乳魔法」的機制

那麼凝乳這個戲劇化的現象究竟是怎麼產生的呢？

在這個現象當中，我們要在原料乳中取出含量只有2.4%的酪蛋白這個單一的蛋白質。在化學領域中，這算是一項難度非常高的實驗，但我們只要添加微量的凝乳酵素就能夠輕鬆進行。這和變魔法一樣的現象，可以用科學觀點來說明其中的機制。

凝乳的機制如圖6-2所示。凝乳酵素（rennet）的主要成分——凝乳酶（chymosin）在進行乳酸發酵時，如果溫度達30℃，且pH值在6.2上下，局部分布於酪蛋白微團表面的

κ－酪蛋白胜肽，在鍵結時便只會有一個地方（從N端數過來第105個苯丙胺酸，與第106個甲硫胺酸之間的鍵結）出現水解現象。這就是凝乳酶最神祕的地方。

如此一來κ－酪蛋白的部分分子，就會釋出讓磷酸基與聚醣（glycan）鍵結的水溶性（親水性）酪蛋白糖巨肽（CGP，caseinoglycopeptide），並溶於乳清之中。

最後，酪蛋白微團表面上的κ－酪蛋白分子中，就會只剩下不易溶於水（疏水性）的對位－κ－酪蛋白，使得酪蛋白微團搖身變成表面為疏水領域的對位酪蛋白微團（para casein micelles）。

然而隱藏在親水性CGP底下的磷酸基等分子，會因為露出而讓酪蛋白微團表面變成負電荷，促使微團之間相互排斥。而加入的氯化鈣會釋放出鈣離子（Ca^{2+}），並與酪蛋白微團鍵結使電荷歸零。於是對位酪蛋白微團表面就會變得相當疏水，並與酪蛋白微團相互鍵結，形成一個非常規則的矩陣式結構（matrix structure），進而固體化。這就是堪稱魔法的凝乳現象。

圖6－3這張電子顯微鏡照片，即是添加凝乳酵素後到凝乳這段期間酪蛋白微團所產生的變化。

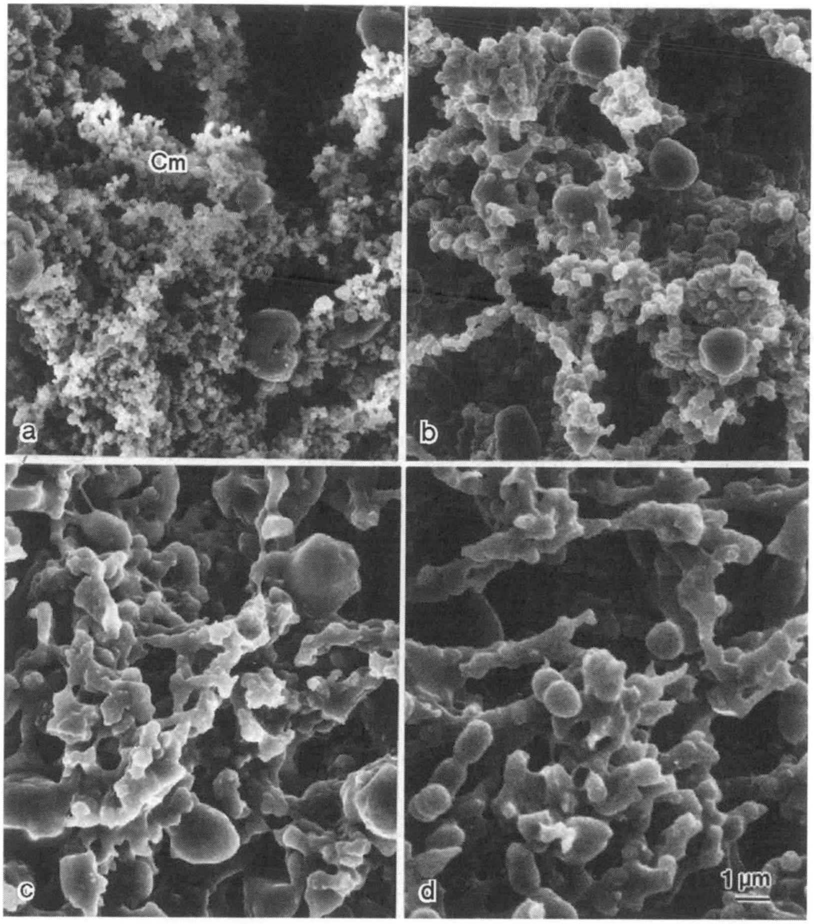

圖6-3　酪蛋白微團凝乳時在電子顯微下的照片

a：添加凝乳酵素後30分鐘（pH6.35）
酪蛋白微團的原型（Cm）依舊保留著

b：添加凝乳酵素後105分鐘（pH5.92）
酪蛋白微團慢慢凝聚成較大的二次粒子

c：添加凝乳酵素後195分鐘（pH5.25）

d：添加凝乳酵素後1200分鐘（pH4.63）
酪蛋白微團變成鏈狀連接在一起

小牛第四個胃中的作用

其實凝乳這個生化反應，與剛出生的小牛喝了牛乳後胃中產生的反應幾乎一模一樣。小牛喝下的乳汁，在通過第一個胃到第三個胃期間不會被消化吸收，會直接抵達第四個胃，而在第四個胃中產生的就是凝乳現象。所以現代起司產業在起司槽中讓乳汁凝固的步驟，其實就是重現小牛第四個胃中的場景，亦即原封不動地模仿生物的神祕現象。

那小牛為何要讓牛乳凝固呢？這麼做是為了讓營養更容易吸收。小牛即便喝下了牛乳，因為消化器官還未成熟、液體乳汁通過小腸的時間非常短暫，而無法完整地吸收營養；於是便利用凝乳酶讓乳汁凝固成塊狀，延長通過小腸的時間，讓營養更容易被消化吸收。同理，人類的嬰兒也會利用胃酸來凝固母乳，以確保營養停留在小腸的時間。

所謂的凝乳反應，其實就是哺乳動物的母親為了孩子形成的機制。

不過在製造起司時，之後有一項步驟與小牛胃中產生的反應有決定性的不同之處。

凝乳酶在乳酸發酵後的pH值為6.2，在這個酸度當中，凝乳酶只會與酪蛋白某一處的胜肽鍵結，出現神奇的水解現象。然而進入熟成階段後，凝乳酶卻又會受到增殖的乳酸菌所產生的乳酸影響，使得pH值降至5.2左右，並改與其他胜肽鍵結，旺盛地進行水解。

熟成中的酪蛋白就這樣漸漸低分子化，滋味也隨之香醇。也就是說，人類從中找到了凝乳過後再次利用凝乳酶的方法。這對於生產凝乳酶的牛隻而言，應該是意想不到的事吧。

排除乳清的關鍵在於「時機」與「慢慢加溫」

因凝乳現象而產生的如巨大豆腐般的塊狀物就是起司凝塊，這是凝結了乳汁奧祕的產物。但在製造起司時，若這樣直接使用水分會過多，因此得去除多餘的水分以提高固形物的比例。

這個步驟要用特殊的刀子將凝乳切碎，進而濾除乳清，稱為「截切」（cutting）。雖說要用刀子，但因為起司凝塊的體積非常大，無法用一般家庭的菜刀分切，因此得用綁有琴弦的「凝乳切刀」這種特殊的刀子來截切（圖6-4）。

這把刀雖然沒有「刀刃」，但是卻能夠在起司凝塊上縱橫裁切，將其分切成大小約0.5～3公分的骰子狀。

將手指伸入成塊的凝乳中緩緩拉起時，如果起司凝塊漂亮地裂開，且從中滲出淡黃色、半透明的乳清，就是截切的最好時機。時機若是判斷錯誤、下刀過早，起司凝塊的微粒子就會滲入乳清中；相反地，下刀若是過遲，起司凝塊就會因凝固過久而切得不夠漂亮，反而會破壞了凝塊。因此掌握截切起司凝塊的時機，在製造起司的過程中是一個非常重要的關鍵。

圖6-4　截切起司凝塊的凝乳切刀

細切成骰子狀的起司凝塊只要靜置，乳清就會慢慢濾除。但放置的時間若是過長，會很容易受到微生物汙染，因此要加鹽以加快乳清濾除的速度。這個步驟稱為「蒸煮」（cooking）。

蒸煮時一定要讓溫度上升，但不可操之過急。因為溫度若急速上升，起司凝塊表面會縮水而阻擋內部的乳清排除，亦即乳清會無法順利濾除。故剛開始我們要慢慢地攪拌切碎的起司凝塊，同時用每分鐘升高0.5℃的緩慢速度加溫，如此一來，乳清就可以慢慢從起司凝塊中濾除。這種現象又稱為「離漿」（syneresis）。

硬質與半硬質起司的界線

在進行蒸煮這個步驟時，原本柔軟的起司凝塊會一個個地從表面開始收縮，於是乳清會慢慢地從內部滲出，變成富有彈性、質感略硬的「凝塊顆粒」。

進一步濾除乳清的話，大量的乳清中就會浮現出凝塊顆粒。這時便可以開始濾除上層清澈的乳清，而半硬質起司與硬質起司就是在此階段劃分的。

將釋出的乳清與凝塊顆粒倒入布巾中、完全濾除乳清後，做出的就是半硬質起司；另一方面，若將滲出的乳清與凝塊顆粒緊接著用較高的溫度（不超過55℃）加熱後再濾除乳清，做出的就是硬質起司。硬質起司之所以要加熱，是考量到之後漫長的熟成期間，目的是為了加強微生物學上的安全性。凝塊顆粒在加熱之後會更加緊密結合在一起，形成一大塊凝乳塊。

另外，在製作切達起司時，濾除乳清後會將起司凝塊堆疊在鍋中保溫，截切成長寬30㎝的正方形、15㎝厚的大小之後，每15分鐘翻面一次，促進內部乳酸發酵。只要反覆翻面，起司凝塊的粒子就會緊密地融合在一起、變成片狀，內部的組織也會變成纖維狀。此作業方式稱為「堆釀」（cheddaring），之後再進入將片狀的起司凝塊「碾磨（切碎）」（milling）的步驟。

各種起司特有的組織（硬度與彈性），取決於凝乳時截切的大小、攪拌的力道強弱、加熱溫度的高低，以及之後會影響起司凝塊pH值的乳酸生成量多寡等，這些要素在製造現場都會經過非常審慎的調整。最後，再調整起司凝塊的水分與酪蛋白次微球鍵結的磷酸鈣數量，便能製作出各式各樣的起司，坦白說是一項非常巧妙且細膩的製作工程。

這些工程以往都要靠起司行家的感覺與經驗，不過現在的起司產業已經能夠隨時精密地測量溫度與酸度，並根據數值來進行作業了。

另外，像奶油起司這種質地較軟的起司，通常會將凝塊顆粒與乳清一起倒入模具中、但不進行濾除壓榨，而是靠起司凝塊本身的重量（自重）讓凝塊顆粒緊密結合。

第7章 加鹽的科學

乳清差不多濾除乾淨之後，就該進入最後一個階段了。那就是填入模具裡壓榨，並在已濾除剩餘乳清的起司凝塊中加入鹽，這個步驟稱為「加鹽」（salting）。但是，為什麼要這麼做呢？

裝模與未熟成凝乳的成型

濾除乳清的起司凝塊會再次相互凝固，形成富有彈性的凝塊顆粒，將其倒入模型中成型稱為裝模（圖7－1）。裝模後的凝塊顆粒會再次凝結成整塊，而至此開始要進入熟成階段的凝塊，稱為「未熟成凝乳」。

未熟成凝乳（green curd）通常呈圓柱狀，不過因起司可以隨模具大小與形狀變化，所以也能夠做出圓形的起司。以享有「起司之王」盛名的帕瑪森起司為例，製作時人們

圖 7-1　將切碎的凝塊顆粒裝模

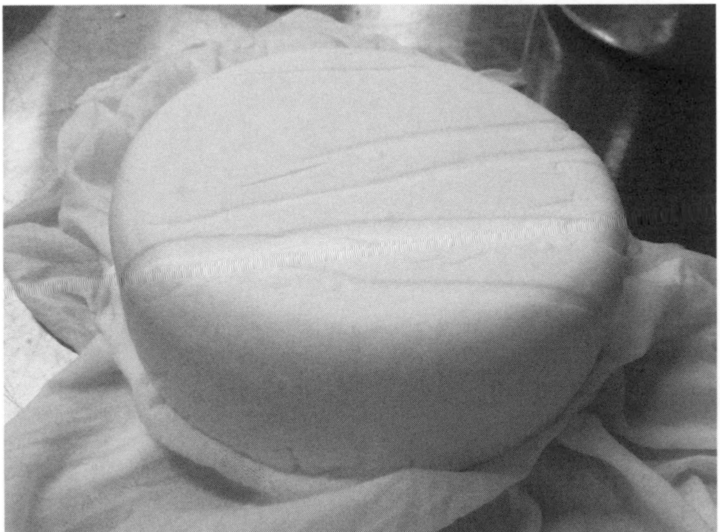

圖 7-2　凝塊顆粒再次凝結的未熟成凝乳

會在模具側面腰部置入商標的名稱，最後再趁乾燥的期間將側面腰部綁緊，這樣商標就會自然而然地印在起司上了。若沒有這個刻印與協會的烙印，就無法認定為真正的帕瑪森起司。

屬於硬質起司的埃德姆起司，會在表面塗上一層紅蠟以預防水分從表面蒸發，故又稱為「紅玉」，此種為出口專用的起司；提供給日本國內的起司則會塗上一層黃蠟。另外，有些起司會採用「真空包裝」，也就是用透明塑膠袋將起司包起來，抽出空氣形成真空狀態，讓塑膠袋緊密貼合在起司上後再將邊緣加熱封口。不管是哪一種方法，都是為了避免起司在熟成期間乾燥或滋生黴菌的小巧思，省去了日常照顧的功夫。

但如果是利用傳統手法，從模具取出的未熟成凝乳便會直接進入熟成，不會塗蠟或是真空包裝。這類的起司屬於「外皮類型」（rind type），在熟成庫裡必須天天用布擦拭表面以防止黴菌滋生，而且還要每天上下翻面，是一種非常耗時耗力的製作法。但正因如此，起司才會變得越來越美味。不過最近有些地方在生產帕瑪森起司時，已經開始利用機器人來進行這項翻面的工作。

令人驚訝的「加鹽」原因

所謂「加鹽」，是在未熟成凝乳裡添加食鹽的步驟，也是製造起司的最後一個階段。不過須要加鹽的只有熟成類起司，不需熟成的新鮮起司通常是不須要加鹽的（茅屋起司有時會為了調味而撒上少許食鹽）。

加鹽的方法因起司種類而異。例如切達起司會在前述的堆釀或碾磨的步驟之後，於截切的凝塊顆粒裡撒上乾鹽（經過乾燥、質地乾爽的鹽），稱為「乾鹽法」。

而高達起司與帕瑪森起司，在起司凝塊的階段用模具加壓成型5～8個小時脫模後，會用濃度20％的飽和食鹽水（又稱濃鹽水，brine），以15℃的溫度浸泡3～5天。這種加鹽方式稱為「濕鹽法」。如果是重量達40kg的大型帕瑪森起司，有時甚至要浸泡上1個月才行。

另外，藍起司的加鹽方式，則是在入模之後於表面擦上一層如同泥漿（黏性極強的狀態）的濃稠鹽巴。

加鹽就是利用上述這些方式，將鹽分送進起司組織內部的步驟。乍看之下會以為只是要幫起司增添鹹味，但其實有著出奇深遠的意義。

第一個重要的功能是殺菌。加鹽後，未熟成凝乳表面的食鹽濃度會變得相當高，使得無法抵抗鹽分的菌類減少，以避免雜菌在起司熟成的過程中繁殖。

第二個功能是濾除未熟成凝乳裡殘留的乳清。只要在起司凝塊的外層添加一層鹽分，外部的滲透壓就會變高，如此便能夠吸出殘留於內部的乳清。此原理與醃漬醬菜一樣，因為外部是鹽分濃度高的調味液，因此蔬菜內部的水分會排出，使調味液能夠滲入其中「醃漬」。只要濾除殘留的乳清，未熟成凝乳的蛋白質成分就會變得更加濃郁，而起司凝塊的含水量也會達到適合熟成的條件。

第三個功能是控制乳酸菌與黴菌的生成。起司的鹽分值通常為1.5～2％左右，藍起司的設定較高，約3～4.5％，這麼做是為了不讓藍黴生長過於旺盛，因此用加鹽的方式來控制；另一方面，若是白黴，在加鹽時則會稍微減少份量，以不阻礙其生成為準來控制（提高）。不過最近因為健康意識高漲，人們對於起司常會要求少鹽，因此起司整體的鹹味也開始慢慢變淡。

而加鹽的第四個功能，就是提供能產生鮮味的鈉離子。當起司凝塊中的酪蛋白因為熟成而慢慢分解時，就會生成許多游離的胺基酸。數量最多的游離胺基酸是麩胺酸，但這個以「鮮味」聞名的胺基酸，處於單一狀態時卻會有一股酸味。想要讓麩胺酸展現甘醇滋味，就必須讓其與鈉離子鍵結，變成「麩胺酸鈉鹽」（monosodium glutamate, MSG）這種鮮味成分。在熟成的過程當中，只要有食鹽，鮮味成分就會越來越多，起司便會越來越美味。

加鹽的這四種功效，一到三其實靠砂糖（蔗糖）就足以應付，但唯有第四個功能無法用砂糖替代，必須靠鹽才行。因此必須再次強調，製作起司時「要加的不是砂糖，而是鹽」。

製作起司為何需要黴菌？

起司在進入熟成之前，我們有時會將黴菌或酵母接種在未熟成凝乳中。因為這麼做，能讓作為菌酛加入原料乳中的乳酸菌其發酵能力增強，同時也能利用黴菌出色的發酵能力使起司充分熟成。

一般來說，乳酸菌一旦大量增殖，就會因為自身產生的乳酸使得pH值過度下降而至死亡。但若能與黴菌共存，喜歡乳酸的黴菌就會幫忙吃掉乳酸、減少其數量，這樣乳酸菌便能夠繼續增殖，分解出更多的蛋白質進而提升熟成度。此外，製作起司時使用的只有白黴與藍黴，紅色、橘色與黑色黴菌是不會拿來使用的。

用來製造起司的白黴通常為卡門伯特青黴菌（*Penicillium camemberti*）。孢子會添加在殺菌冷卻後的起司原料乳，或是以噴霧的方式接種在已加鹽的未熟成凝乳表面上。

在起司表面生成的白黴，會分泌出蛋白質分解酵素（蛋白酶，protease）以促進熟成。如此一來起司的組織就會變得柔軟，並且增添一股宛如蘑菇的獨特風味。

而製作起司時使用的藍黴，通常是與白黴同屬一族的洛克福爾藍黴菌（*Penicillium roqueforti*），但孢子的接種方式則與白黴完全相反，是接種在未熟成凝乳的內部。藍黴分泌的脂肪分解酵素（脂酶，lipase）十分強勁，而且生成的揮發性游離脂肪酸與名為甲基酮的衍生物還會營造出一股獨具特色的風味。

藍黴會生成於起司凝塊顆粒間的縫隙，因此須調節起司凝塊的水分與硬度。此外，黴菌屬於嗜氧性，若氧氣不足就無法增殖，因此在藍黴起司熟成的過程中，經常會用直徑約3～5㎜的細針在上頭刺出許多孔洞，以將空氣送入起司中。因此注意觀察的話，就會發現藍黴起司的表面有無數個細孔，且藍黴會沿著這些細孔由外而內漂亮地直線生長，有機會的話請試著觀察一下吧。

一般而言，黴菌擁有的蛋白酶、脂酶等酵素的效力，通常會比乳酸菌的酵素強，因此黴菌類起司的熟成時間會比只使用乳酸菌熟成的起司還短。從製造到能食用的時間，白黴的卡門貝爾起司約需3～4週（1個月以內），藍起司的話約2個月，至於切達起司與高達起司通常需要4～6個月。也因此接種黴菌的起司在熟成度的管理上要格外注意。

至於其他黴菌，還有用來製造傳統風味的白黴類起司、洗皮類起司、山羊乳起司的白地絲黴菌（*Geotrichum candidum*）。這種黴菌會吃下起司表面的乳酸讓pH值上升，為之後生成的白黴、亞麻短桿菌等有助於熟成的嗜氧性細菌，營造一個適合生長的環境。特別是山羊乳起司，白地絲黴菌對於其表皮形成佔有舉足輕重的地位。

而能夠幫助熟成的微生物除了黴菌外，還有酵母。在製造起司時雖然不太使用酵母，不過白黴類與洗皮類起司卻會使用漢遜氏德巴利酵母菌（*Debaryomyces hansenii*）、乳酸克魯維酵母（*Kluyveromyces lactis*）等酵母菌。酵母會利用乳糖產生酒精與二氧化碳，並利用起司表面的乳酸降低pH值，營造一個適合嗜氧性細菌棲息的環境。另外，酵母還可以製造出酯（ester），這在形成特殊風味上扮演了極為重要的角色。

製造起司時，只要如上述讓乳酸菌與黴菌、酵母菌攜手合作促進熟成，起司的變化就會更加多采多姿。人類對於追求美味的慾望無窮無盡，才因此孕育出了連微生物都能善加利用的智慧。

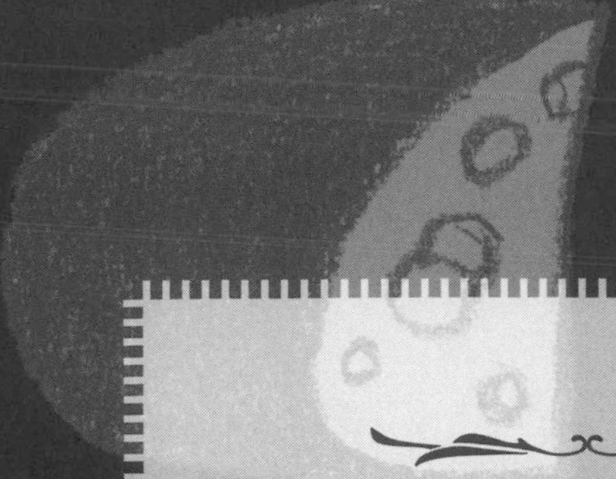

III

起司熟成的科學

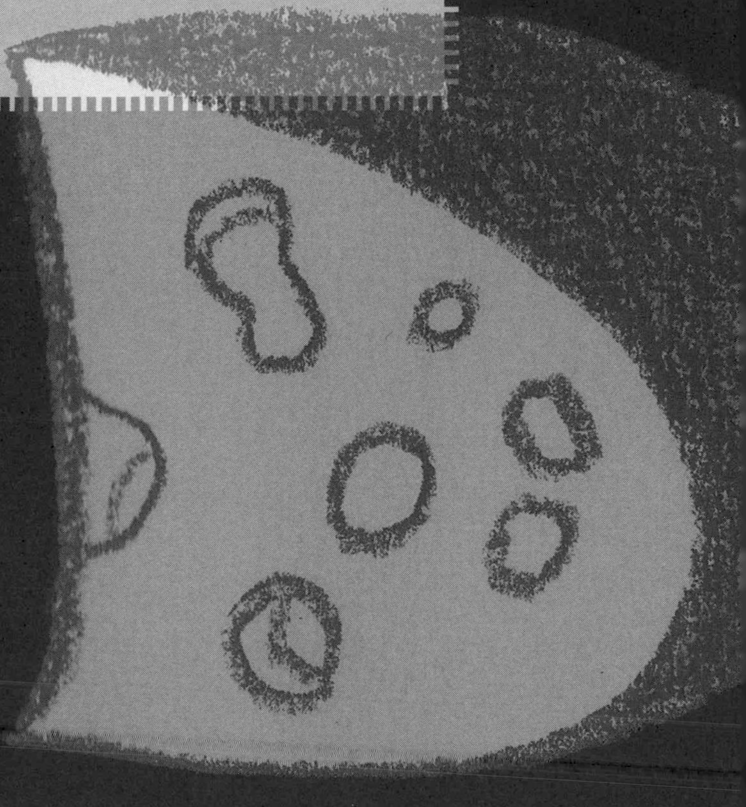

第8章

起司的滋味與香味的變化

「美味」來自熟成

所謂「盡人事，聽天命」，作為我們人生指標的這句話，在製造起司時也派得上用場。結束加鹽這個步驟之後已經「盡人事」，未熟成凝乳接下來會被移動到一間濕度與溫度維持不變的特別室（熟成庫），並在此「聽天命」。這就是「熟成」。

起司製造中的熟成，指的是在溫度與濕度適合該起司的熟成庫裡，針對各種起司最適合的熟成時間進行保存，讓起司內部的乳酸菌與黴菌得以進行發酵的過程。但是，為什麼我們得特地花這麼長的時間讓起司經過熟成這個步驟呢？難道不能立即享用起司嗎？

那是因為在熟成這段期間，雖然起司裡的水分等成分會減少，但相對地也會增加許多其他成分。換句話說，這些都是起司的「美味」成分。

創造「美味」的關鍵，在於起司的風味與組織的變化。前人發現，起司的風味與組織一旦隨著熟成產生變化，滋味就會更棒，因此為了讓起司更加美味，按耐住蠢蠢欲動的心情靜靜等待數個月、半年、1年、甚至2年。唯有這一個步驟，從數千年前至今從未改變，令人感動。不管文明有多進步，唯有熟成的時間是人類無法掌控的。

起司的個性也來自熟成

起司熟成須要經過長時間的儲藏，儲藏的地方稱為「起司地窖」（cave）。若是將起司放在一般的房間裡保存的話，會溫度過高、濕度不足，熟成期間最重要的就是溫度與濕度的管理。

起司的熟成條件如表8-1所示。若注意各種起司的適當溫度，就會發現黴菌類起司的溫度最低，僅需8℃；乳酸菌類起司約10～12℃，再怎麼高也頂多維持在15℃左右。至於濕度，不管哪一種起司均設定在約90％。葡萄酒的儲藏室（葡萄酒窖）以「溫度15℃與濕度75％的環境最為理想」，看來和起司必要的環境條件似乎相差不遠。

據說藍黴類起司中知名的洛克福起司，製造時用來熟成的地窖長達2km、深與寬達

類型	起司名	熟成溫度（℃）	熟成濕度（%）	熟成期間
歇布爾	聖莫爾起司	12～14	85～90	2～3週
白黴	卡門貝爾起司	12～13	85～90	3～4週
藍黴	洛克福起司	8～10	90～95	3～4個月
洗皮	龐特伊維克起司	8～10	85～90	5～8週
洗皮	林堡起司	10～16	90～95	2個月
半硬質	高達起司	10～13	75～85	4～5個月
硬質	格呂耶爾起司	15～20	90～95	6～10個月
硬質	帕瑪森起司	12～18	80～85	1年以上

表8-1　各種起司的熟成條件

300m，是世界上規模最大的起司熟成庫。至今依舊有將近十家的起司製造商共用這個歷史悠久的地窖進行起司熟成。PDO（法定產區產品保護制度，Protected Designation of Origin）規定，若是想要印上「洛克福」這個名稱，就必須遵守義務讓起司在這個地窖裡進行熟成。

帕瑪森起司的熟成時間則相當漫長，必須在這樣的溫度與濕度條件之下，經過至少12個月（1年）的熟成期間，才能變成可口美味的起司。義大利帕爾馬（Parma）當地的市場就常見到熟成2年的帕瑪森起司（標示為vecchio），不過也有熟成3年（標示為stravecchio）、4年（標示為stravecchione）的陳年帕瑪森起司。

而佔了荷蘭起司產量約60％的高達起司，通常需要4～5個月的熟成時間，不過也有熟成長達1～2年的優質高達起司。

起司熟成的期間，組織裡的水分會蒸發，乳糖、蛋白質與乳脂肪也會進行分解。在這段過程中，水分會因為自然蒸發而減少，乳糖則是因為被乳酸菌利用而減少。另外，酪蛋白（蛋白質）會因為乳酸菌與凝乳酵素其凝乳酶、胞漿素等蛋白酶（蛋白質分解酵素）所產生的水解作用而減少。此外，乳脂肪也會受到乳酸菌與黴菌釋放的脂酶而變少。

不過並不只是成分減少而已，分解後生成的二次成分，在熟成期間會再次與其他成分產生反應，生成出許多風味更加馥郁的化合物。其實只要在起司表面塗上一層蠟，重量就不會減少那麼多，只是這樣反而要花更多時間熟成，因此人們通常不會在起司表面上蠟（又稱為天然外皮，natural rind）。

比較特別的是擁有起司眼（cheese eye）的埃文達起司，這種起司的熟成有兩個階段。剛開始的3～6週會在溫度20～24℃、濕度80～85％的房間裡進行高溫熟成（一次熟成）以增加丙酸、產生氣體（二氧化碳），這是為了形成起司眼的熟成階段。接下來，便會轉移到溫度低於7.2℃、濕度為85～90％的房間裡，進行為期約6～12個月的低溫熟成。

另外，白黴與歐布爾等軟質起司因為形狀小，而且是從表面開始熟成的，因此濕度管理就成了一項重責大任。

各種起司的特有組織與風味，就是經過這樣的熟成過程而誕生的。

科學解析：起司熟成後更加美味的原因

與起司熟成密不可分的蛋白酶（蛋白質分解酵素）有三種。分別為：將胺基酸從蛋白質或胜肽末端進行水解，每次只處理一至兩個胺基酸的酵素「外肽酶」（exopeptidase）；接著從外肽酶的N－末端切下的「胺肽酶」（aminopeptidase）；以及從C－末端切下的「羧肽酶」（carboxypeptidase）。

順帶一提，從內部排列將蛋白質切下的酵素稱為「內肽酶」（endopeptidase）。

起司在熟成的過程當中，這三種酵素會慢慢地讓酪蛋白進行水解，最後分解成胺基酸這個最終單位（圖8－1）。酪蛋白首先會被外肽酶切成大塊，再出胺肽酶從N－末端依序切出胺基酸，一方面，羧肽酶也會從C－末端依序切出胺基酸，讓起司內部不斷累積胺基

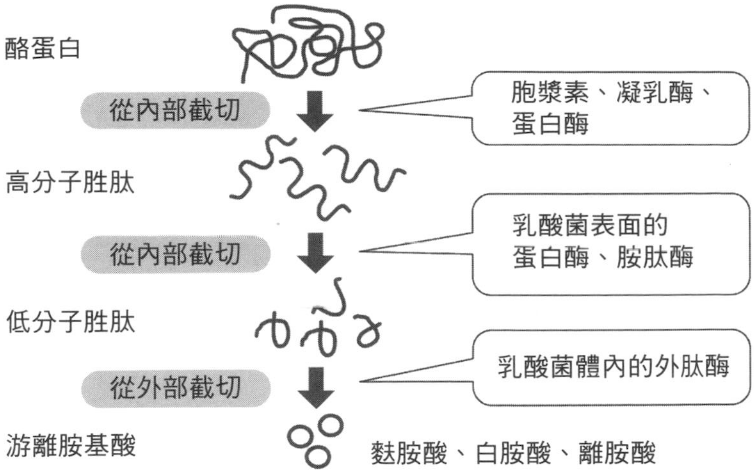

圖8-1　酪蛋白的水解作用

酸與低分子的胜肽。這就是站在化學的角度觀察到的熟成過程。

在未熟成凝乳階段時無味無臭的酪蛋白，經過熟成之後，裡頭的胺基酸與胜肽會混合變化成風味複雜的食品，那就是起司。

新鮮起司上嚐不到的那股熟成起司特有的美味，正是隨著熟成慢慢增添的滋味。那麼，這個「美味的成分」究竟是什麼呢？

只要過了這段熟成期間，起司裡的游離胺基酸就會慢慢增加。例如高達起司在未熟成凝乳階段所含的游離胺基酸，平均每100g只有50mg，數量非常稀少；但經過2個月後就會增加到200mg；4個月後500mg；過了8個月後，胺基酸的含量就會超過1g。也就是

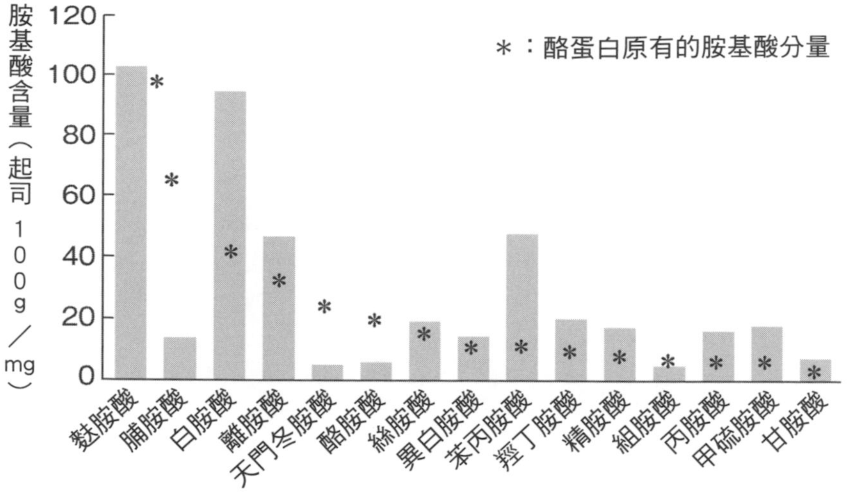

圖8-2　高達起司的游離胺基酸種類與分量

說這8個月的熟成，讓游離胺基酸的量增加了20倍。而圖8-2就是熟成4個月的高達起司所含的游離胺基酸的量。

由此我們可以得知，起司之所以會越熟成越美味，原因就在於胺基酸增加。如高達起司經熟成後，裡頭所含的麩胺酸、白胺酸、離胺酸、苯丙胺酸等四種胺基酸增加。這樣的情況，其他起司也都大同小異。

出乎意料的起司美味成分

酪蛋白是由20種胺基酸所構成，而隨著熟成，游離的胺基酸也會達到20種。每一種胺基酸的風味都各有千秋，而起司的滋味正是由這些風味混合而成。

那麼，當這每一種胺基酸處於單體的時候，會呈現什麼樣的味道呢？我們在表8－2標示了20種胺基酸的味道。

其中的麩胺酸，是大家熟知的「鮮味」來源。而發現這種胺基酸的研究人員來自日本是眾所皆知的，可謂是日本人的驕傲。1907（明治10）年，東京帝國大學理學院化學系教授池田菊苗發現，昆布高湯裡的一種胺基酸是尚未為人所知的美味成分，此名為「麩胺酸」的胺基酸被歸類在酸性胺基酸項下，分子內部是由兩個羧基所構成。這個物質會與味蕾這個

白胺酸	苦	●
纈胺酸	苦	◎
異白胺酸	苦	○
甲硫胺酸	苦	△
苯丙胺酸	苦	○
色胺酸	苦	○
組胺酸	苦	△
精胺酸	苦	△
羥丁胺酸	甜	●
丙胺酸	甜	◎
離胺酸	甜／苦	○
脯胺酸	甜／苦	●
甲基甘胺酸	甜	●
天門冬胺酸	酸	●
麩胺酸	酸	△
天冬醯胺		—
麩醯胺酸		—
酪胺酸		—
半胱胺酸		—

（呈味性的強度 ●＞◎＞○＞△）

表8-2　胺基酸的單體風味
（灰底是必需胺基酸）

味覺中心結合，讓人感受到「鮮味」。但味蕾究竟是辨認了這個化學構造的何處使我們感受到「鮮味」，這一點仍尚未闡明。如果是「甜味」，我們已知就糖的構造而言，感受到「甜味」的分子——羥基，其彼此間的距離非常重要，又稱「三角理論」學說。因此我們可以推測，「鮮味」的構造應該也與麩胺酸及味蕾受體之間的距離或電荷有關。

鮮味是與鹹味、甜味、苦味、酸味同起同坐的「第五種味道」。在食品科學這個領域當中，「Umami」*這個詞是世界通用的專業用語，據說名聲甚至遠播巴黎三星級的餐廳與紐約的烹飪學校。

前述的池田教授在其研究當中揭曉了和食的美味，也就是用昆布萃取的高湯為什麼會如此「甘醇」的祕密。但令人驚訝的是，屬於動物性食品的熟成類起司竟也擁有相同的「鮮味」成分；也就是說，起司風味經過分析之後，可以得知「鮮味」並非日本獨有，而是自古以來全球人們就已感受到的共通味覺。

不過更驚人的一點是，麩胺酸游離時的狀態，竟然只是單純帶有酸味的胺基酸（表

* 譯註：鮮味日文的羅馬拼音，原文「旨み」。

8-2）。帶有酸味的麩胺酸，在熟成期間會與鈉離子鍵結形成麩胺酸鈉鹽，並增加水溶性，能讓人感受到一股強烈的甘醇滋味（圖8-3），由此便不難看出熟成的重要性。

在池田教授的建議下，將麩胺酸鈉鹽商品化的是「味之素」的創辦人鈴木三郎助。鈴木與池田在1908（明治41）年取得麩胺酸鈉鹽（monosodium glutamate, MSG）的發明專利。隔年，世界第一個鮮味調味料「味精」就此誕生。這個味道現今至少有50個國家生產製造，在世界各地廣受支持。

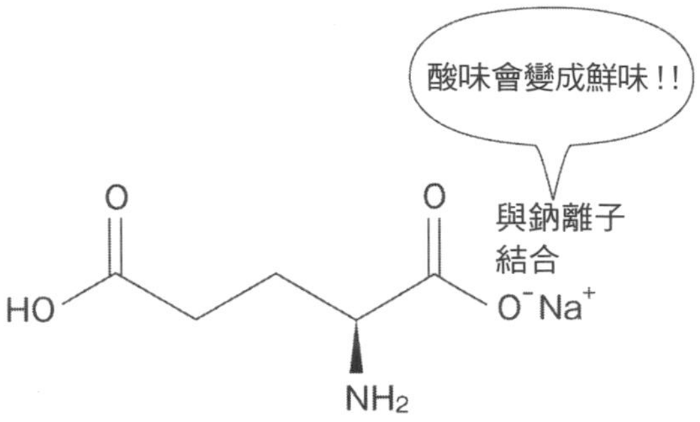

圖8-3　麩胺酸鈉鹽的構造

豐富複雜的起司風味

醬油每100ml就含有800mg的麩胺酸，且越是在知名產地採收的「高級」昆布，麩胺酸的含量就越豐富。這些都表明了鮮味的濃淡深受麩胺酸的影響。

不過，美味的科學卻告訴我們一件事，那就是起司的美味與滋味的濃淡，並非只是憑著裡頭的游離麩胺酸就能決定這麼單純。

一般來說，在分析某種特定滋味的成分時，通常會使用「遺漏測試」（omission test）這種方法。以起司為例，此種分析法會透過人工的方式組合數種成分來重現「起司的滋味」，之後再一個個去除這些組成成分，以判斷哪一個物質是決定起司獨特風味的關鍵。

櫻庭雅文在其著作《胺基酸的科學》當中，以淺顯易懂的方式說明了帝王蟹的遺漏測試。書中指出，帝王蟹的蟹肉滋味是由超過１００種的成分所構成，而決定蟹肉特有風味的是數種胺基酸、磷酸鈣、食鹽等礦物質，另外還有名為肌苷酸（inosine）的核酸類的鮮味物質。

其所包含的胺基酸當中，甘胺酸與丙胺酸味甜，精胺酸味苦，麩胺酸味鮮。

若是剔除甘胺酸、麩胺酸與肌苷酸的話，鹹味就會變得強烈，相較之下甜味、醇味、鮮味以及順口滋味就會變少。帝王蟹一到盛產季節，「甜味系列胺基酸」的甘胺酸與丙胺酸就會增加，「苦味系列胺基酸」的精胺酸就會變少，使得蟹肉滋味甘甜、美味倍增。

每一種胺基酸的呈味性如表８－２所示。我們可以看出能感覺到甜味的就只有甘胺酸、丙胺酸、絲胺酸、羥丁胺酸這四種，其他都是會讓人感到苦味的胺基酸。即便是起司，這些游離胺基酸若是以複雜的構造與鹽類、核酸類等鮮味成分組合，呈味性就會變得複雜，這就是讓我們感覺到「起司的鮮味深厚甘醇」的原因。

雖然尚未付諸行動，不過起司應該也可以按照類別來進行遺漏測試。不難想像每一種起司的獨特風味是由錯綜複雜的成分所構成，而且絕大多數都是游離胺基酸。看表8－2就會發現，除了鮮味類的麩胺酸以外，會隨著熟成而大幅增加的纈胺酸、白胺酸、苯丙胺酸與離胺酸等成分全都是苦味類的胺基酸。就游離胺基酸的整體來講，我們可以感受到含量最多的麩胺酸所呈現的鮮味，同時也能夠感受到四種胺基酸的苦味，這應該就是起司的複雜風味。

如此情況就好比咖啡的風味。苦澀的咖啡因背後，醞藏了胺基酸與寡糖成分等的「甜味」，交織出只有大人才懂的複雜滋味。

風味同樣複雜奇特的胜肽

與胺基酸鍵結的是胜肽。起司在熟成期間除了游離胺基酸外，酪蛋白分子也會製造各種不同的胜肽。兩個胺基酸可以鍵結成二肽（dipeptide），三個可以鍵結成三肽（tripeptide），四個可以鍵結成四肽（tetrapeptide），甚至構成分子量更大的胜肽，能創造出無數的胜肽類物質，因此酪蛋白可說是「胜肽寶庫」。雖然這些胜肽能讓起司的風味更複雜，但胜肽與何種胺基酸鍵結會產生出什麼滋味，至今依舊是個謎。

我們在第4章提過，酪蛋白全都是由L型胺基酸所構成，因此熟成時游離胺基酸幾乎都會帶有苦味。但我們並沒有足夠的證據能夠肯定，這些苦味類胺基酸形成的所有胜肽都會呈現苦味。因為這些苦味胺基酸鍵結之後，有時反而會產生意料之外的滋味。

有樣知名的胺基酸甜味物質大家應該知道。1965年美國G.D. Searle LLC藥品公司的研究人員，在研究胃泌激素（gastrin）這種與甜味劑截然不同的物質時，採用了化學方式合成了胜肽。當時，合成的其中一種二肽碰巧沾到了研究人員的嘴角，一舔後發現滋味極為香甜，此物質的構造就是「天門冬醯苯丙胺基甲酯」（Asp-Phe，aspartyl-phenylalanine），也就是天門冬胺酸（酸味）與苯丙胺酸（微苦）鍵結而成的物質。而這種物質的甜度竟是同重量砂糖的200倍，進而變成了實力堅強的甜味劑（圖8-4）。

此種胜肽後來被命名為「阿斯巴甜」（aspartame），自1983年起日本各地的超市都能購買到，飯店等處的咖啡廳與餐廳也經常將其與砂糖擺放在一起。現在世界上共有120個國家會在糕點或清涼飲料水裡添加阿斯巴甜，使用範圍非常廣泛，且每年產量至

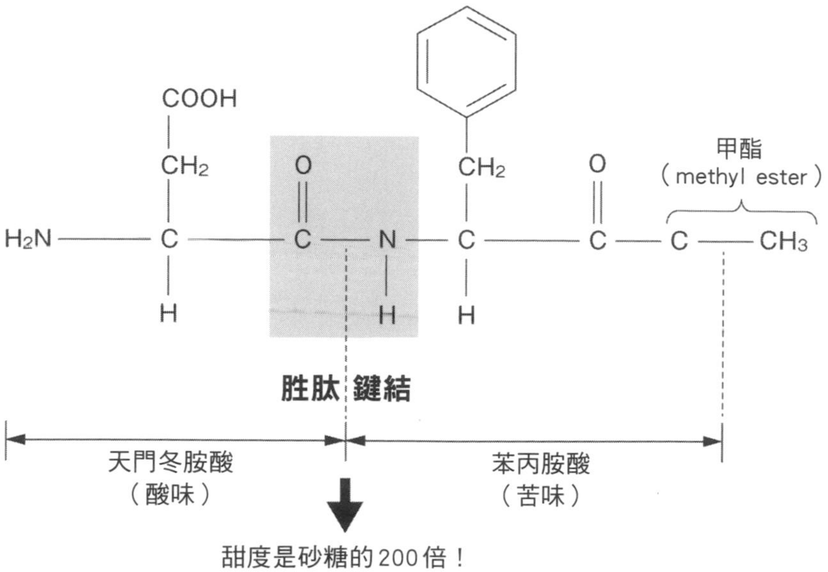

圖8-4　天門冬醯苯丙胺基甲酯的構造

少有1萬4000噸，以世界性的規模來製造販賣的胺基酸類甜味劑，恐怕就只有這此種商品了。而且因為阿斯巴甜不含葡萄糖，所以亦深受糖尿病患者的喜愛。

由此可知，不同風味的胺基酸相互鍵結後，有時也會出現相當濃郁的甘甜滋味。換句話說，一加一並不一定等於二。

而起司裡頭所含的胜肽，是在熟成的過程當中由三種蛋白酶所構成的：

①原存在於乳類的胞漿素
②作為凝乳酵素添加的凝乳酶
③來自乳酸菌菌酛的蛋白酶

只要這些與酪蛋白進行複雜的水解作用，就能夠生成各種不同的胺基酸與胜肽。

不過再次鍵結的起司凝塊用55℃的溫度加熱製成硬質起司，①與②的酵素極有可能因為加熱而被去活化，因此主要應該是③來自乳酸菌酵素的酪蛋白分解。可見起司的這1000種變化，極有可能是因為乳酸菌不同所造成的。

若是連遺傳變異體也包含在內，磷酸化蛋白質，也就是酪蛋白的種類應該會多達30種。至於酪蛋白哪個分子的哪個部位截切後，起司裡會生成什麼樣的胜肽等這類的疑問，在全世界包含日本在內，都已經開始進行相當詳細的研究。胜肽類物質與美味密不可分的關係中應該仍有許多未知的謎，讓人對於今後的研究格外期待。

消除起司苦味的乳酸菌酵素的威力

雖然我們還無法簡單判斷胜肽是什麼樣的味道，但因為熟成而產生水解作用的酪蛋白是胜肽的寶庫，再加上大多數的胜肽都是屬於有苦味的胜肽，因此熟成前的起司味道基本上應該是苦的。那熟成的美味起司為何可以讓胜肽的苦味減少呢？該怎麼做才能夠去除胜肽的苦味？

有苦味的胜肽在化學構造上的特徵，是其羧基末端附近存在著許多異白胺酸、脯胺酸與纈胺酸等的疏水型（不易溶於水的性質）胺基酸。因此我們可以推測，苦味其實就是胺基酸側鏈與舌頭的苦味受體這兩者的疏水基相互作用形成的。

研究人員Ney發現，當我們在尋求平均疏水數值時，胜肽的苦味其實是可以預測的。平均疏水基若以Q來表示的話，當Q值超過1400時，胜肽就會味苦；低於1300時，胜肽就不會苦，這些都是可以預測的情況。但若要符合這個預測情況，胜肽的分子量就必須低於6000才行。

以高達起司為例，其所含的苦味胜肽構造如同圖8-5。由於裡頭有許多疏水性胺基酸相互鍵結，因此想必味道會很苦。

而扮演消除苦味這個重要角色的，就是乳酸菌。熟成時乳酸菌會在起司內部增殖，死亡之後溶出菌體並在內部釋放「胺肽酶」這種酵素。

胺肽酶具有從苦味胜肽的N端開始，一個個水解胺基酸使其游離的作用。此作用一旦進行，圖8-5中帶有苦味的部位就會被水解；不僅能減少苦味，鮮味與甜味也會更加明

Tyr — Gln — Gln — Pro — Val —

Leu — Gly — Pro — Arg — Gly —

Pro — Phe — Pro — Ile — Ile

圖 8-5　高達起司中的苦味胜肽構造
（灰底部分為帶有苦味的疏水性胺基酸）

顯，形成滋味圓潤可口的起司。其實在乳酸菌菌酛裡頭，這種菌一定會派上用場。

在起司熟成時，胺基酸胜肽是非常重要的酵素。在充分討論如何凸顯此種酵素並精心挑選後，便能將表現出眾的乳酸菌做為菌酛善加利用了。

影響顏色與風味的梅納反應

起司中含有少量的乳糖，是在熟成前濾除的乳清中殘留的乳糖。我們先前提過，乳糖是乳酸菌增殖時不可或缺的能量來源，而這微量的乳糖不僅是乳酸菌賴以為生的物質，也肩負了在起司內部進行蛋白質水解反應的這項任務。因此，未熟成凝乳裡一定要保留少量的乳糖才行。

然而除此之外，乳糖還有其他重要的工作。站在化學的立場來講，具有還原力的乳糖只要與含有胺基的胺基酸或胜肽共存，就會產生「梅納反應」（Maillard reaction，又稱羰胺反應），也就是呈現褐色的反應（褐變反應）。在這種情況下，原本為純白色的未熟成凝乳顏色會慢慢變深，越來越接近褐色。

當我們在品嚐食品的風味時，顏色是一項重要的要素。例如紅巧達起司與米莫雷特起司等，就會利用婀娜多色素來增添紅色色彩，這麼做也是為了利用色調讓起司看起來更美味。

不過我們可以推測，梅納反應在讓起司變美味這件事上貢獻極大。雖然真相尚未闡明，不過人們認為像咖哩放到隔天會更好吃、啤酒入喉的爽口感，都與此種反應有關。因此糖與蛋白質的反應，應該也會讓起司的風味越顯複雜。

「加鹽」也能抑制苦味

我們在第7章已說明了「加鹽」這個步驟。不過那時並未提到，位於製造過程最後階段的加鹽，其實也是決定起司風味的一個重要關鍵。

鹹味具有讓殘留在起司裡的乳糖甜味，以及因為熟成而生成的游離胺基酸所帶的淡淡甜味更加強烈的效果。大家在吃紅豆湯或西瓜的時候，應該也曾經撒上少許的鹽來讓滋味變得更甜吧，這就是加鹽的效果。

無論如何，熟成期間最重要的，就是將麩胺酸的鮮味提引出來。想要讓在單體形式時味酸的麩胺酸帶有鮮味，就要將其轉變成「麩胺酸鈉鹽」，於是此時我們會添加食鹽（NaCl）。食鹽會溶於起司中的水分，電離之後產生鈉離子，並與游離的麩胺酸鍵結成麩胺酸鈉鹽以增加水溶性，如此一來鮮味就會變得強烈。若像這樣以鹹味來增強甜味與鮮味效果，應該就能蓋住苦味。

此外，起司裡的胜肽除了苦味胜肽之外，亦有甜味胜肽、鹹味胜肽、酸味胜肽等具有呈味性的胜肽。而這些味道的共存，多少也能減少苦味。例如前述的阿斯巴甜就是典型的甜味類胜肽，濃厚的甜度還是砂糖的200倍，即使量少，遮掩苦味的能力也不容小覷。至於其他的呈味性胜肽，應該也有不少能夠抑制苦味的作用。

因此我們推斷，這些胜肽或許可以大幅提升苦味的「閾值（能感受到滋味的最低濃度）」，進而抑制苦味。

在起司散發香氣之前

世上有著超過一千種以上的起司，且各個香味獨特。例如埃文達起司是「品質優良的核桃香」，古岡左拉起司則有「強勁濃烈的香味」。

最近各種食品的香味都已經能夠透過人工的方式來製作，例如「反應香味」（reaction flavors）就是一個例子。這是葡萄糖在添加某種胺基酸並加熱時，因為產生化學反應而散發出來的獨特香味。也就是利用人工的方式，重現食品在烹調過程中，其素材釋放出的游離胺基酸與醣類因加熱反應而產生的各種風味。例如「煎起司香」是一種會讓人食慾大開的香味，這用葡萄糖＋異白胺酸加熱就能夠產生；另外，「煎牛排香」則是葡萄糖＋半胱胺酸加熱而來的。

起司在熟成的這段期間只會進行冷卻，絕對不會出現加熱的過程，因為高溫會讓熟成時不可或缺的乳酸菌與黴菌等微生物死亡。如此一來酵素便會被去活化，所以起司熟成庫的溫度通常會設定在12℃上下的低溫。但即使是這樣的低溫環境，起司在熟成的過程當中，組織內部的微生物依舊會出現「化學反應」與游離胺基酸產生作用，散發出一股獨特的風味。因此豐富多樣、風味馥郁的反應香味，還是會一點一點地慢慢生成。

圖8－6列出的是起司在熟成過程中所產生的蛋白質、脂肪與碳水化合物的分解情況，以及之後分子變化的模樣。

酪蛋白這個蛋白質的主要成分，會因為蛋白質分解酵素而分解成最小單位的胜肽與胺基酸。緊接著胺基酸如果發生「去胺作用」，胺基就會移除，形成酮酸；若發生「史特烈卡降解反應」就會形成醛；發生「去羧作用」，羧基則會被移除，並形成胺與阿摩尼亞。芳香類胺基酸若是分解就會形成酚；含硫胺基酸若是分解，就會形成硫化氫等含硫化合物，讓起司散發出一股獨特風味。

此外，乳脂肪也會受到脂酶影響，分解形成游離脂肪酸。而其中名為酪酸的揮發性脂肪酸（VFA）與己酸，又會形成油酸、棕櫚酸這幾種主要脂肪酸。像是牛、綿羊、山羊這三者的乳脂肪脂肪酸構成差異甚大，綿羊與山羊的乳汁裡頭含有較多的己酸、癸酸，這就是為什麼與牛乳製成的起司相比風味獨特又截然不同的原因。此外，脂肪酸還可以製造酮類。

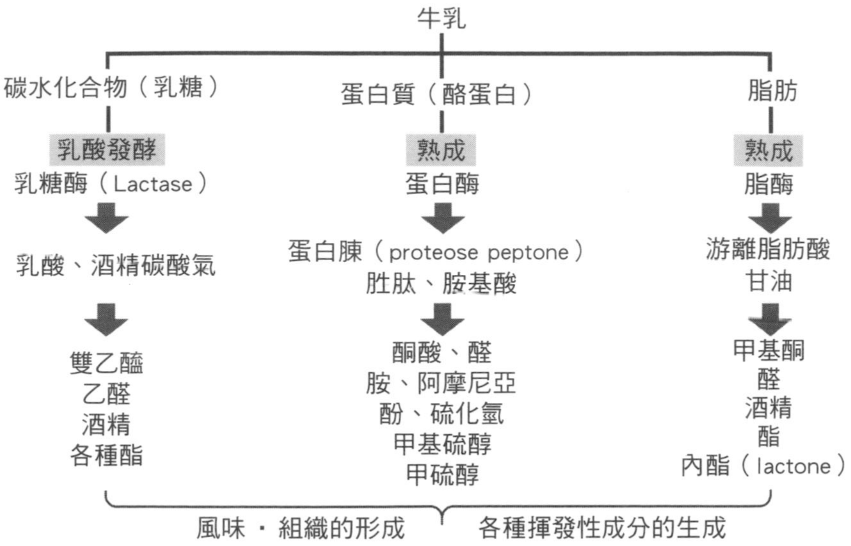

圖 8-6　起司熟成時，三大營養素所產生的分解狀況與分子變化

碳水化合物的主要成分是乳糖。一旦乳酸菌將乳糖轉換成營養（同化作用），就會生成酒精與碳酸氣，並且經過一段複雜的發酵過程，製作出微量的酒精與醛。而酒精還會與脂肪酸化合成各種酯。

這些醛、酮、脂肪酸、酯等分子會成為風味中的香氣（flavor），並且組成起司的特色，像是埃文達起司的「品質優良核桃香」就是這麼來的。

分析起司的香味

分析醞釀起司香味的成分方法也一直不斷在改良。

小泉武夫在《發酵就是力量》這本著作當中提到，在用「Alabaster」儀器測試食品氣味強烈程度時，出現了一個非常有趣的結果。他指出世界上最臭的食品是瑞典的鹽醃鯡魚罐頭，直接嗅聞的話，顯示的數字是無限大，就算稀釋之後再測量，數值也高達8，070。第二名是洪魚膾這道來自韓國的魟魚料理。我曾經淺嚐過這道料理，吃的時候會有一股刺激的阿摩尼亞臭直衝腦門，讓人淚流滿面；但同座的韓國友人卻大大地稱讚我，說敢吃這道菜就可以當韓國人。而排名第三的是紐西蘭的美食家罐頭起司（Epicure Cheese），其所散發出來的強烈異味，就連人稱「世界最臭的水果」榴槤也會自嘆不如。據說這個罐頭曾經因為裡頭的臭氣氣體膨脹而爆炸，甚至有人在飛機上打開罐頭食用後暈了過去。我是還沒有確認過這種起司的氣味，但有機會的話還是會想要嚐一口，並分析一下裡頭的氣味成分。

圖8-7是三大藍起司之一的古岡左拉起司自然釋放的氣味。我們用層析圖（用電子

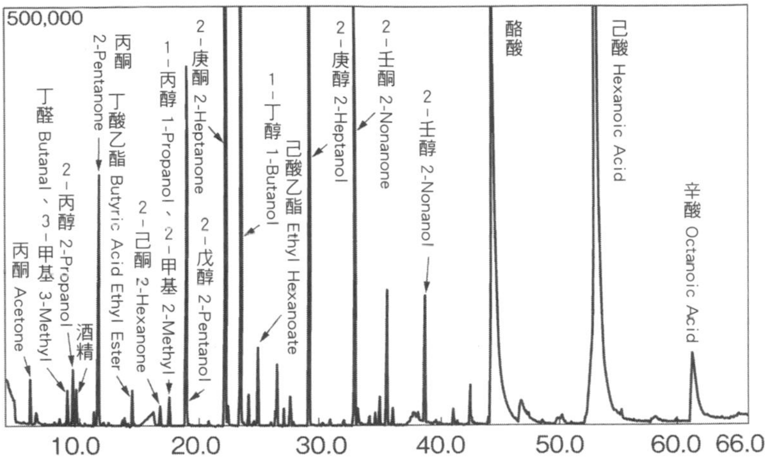

圖8-7　古岡左拉起司的揮發成分（中部大學教授・根本晴夫分析）

信號顯示出檢驗資訊，chromatogram）顯示出構成這股獨特香味的揮發性成分。因為藍黴的強力脂肪分解酵素——脂酶而形成了大量的脂肪酸，脂肪酸與胺基酸、乳糖分解物，會經過好幾個階段的「化學反應」。而其作用後的結果，最後會檢驗出裡頭含有酪酸、烯酸、多種醚、酯化合物等超過30種的香味成分。

既然檢驗出了如此複雜的香味成分，可見藍起司除了風味外，香味應該也相當濃郁才是。另外藍起司裡還有「硫酸二甲酯」這種充滿特色的香氣；除此之外，切達起司的香味「甲硫醇」、埃文達起司的香味「丙酸」等也都為起司增添了一股獨特香味。

每種起司的最佳「品嚐時刻」

天然起司可說是一種「會變化的」食品，裡頭有活絡的乳酸菌，以及來自菌體、保有活性的蛋白質分解酵素（蛋白酶）、胜肽分解酵素（外肽酶）與脂肪分解酵素（脂酶），也因此品嚐時必須要找出最佳時機。

茅屋起司與莫查列拉起司等新鮮類起司，以保留了鮮乳風味與新鮮口感為特徵，應該會有不少人愛上這一點，因此製作後最好趁早食用。

而熟成類起司因為要經過一段漫長的熟成歲月，滋味才會越顯美妙，因此品嚐時機會延長至兩年以上。例如像高達起司，熟成時間短的也要1個月，不過一般適合食用的通常是4～5個月的起司；市面上也有12個月或24個月的熟成類高達起司，與年輕一點的起司相比，濃郁的風味與滋味果然還是不同凡響。我曾經在荷蘭嚐過熟成超過12個月的頂級高達起司，其中最讓我念念不忘的，就是陳年阿姆斯特丹起司（Old Amsterdam Cheese），我每次到荷蘭拜訪時一定會帶一些回來。

另外，前面提過的帕馬爾起司，從製造開始必須經過至少12個月的熟成，檢查合格之後才能烙上這個相當於保證書的名稱，並且出貨。其中甚至還有3年、4年等長期熟成的帕馬爾起司，其所呈現的美味，會對應其熟成期間長短漸漸提升。

這些長期熟成類的起司，其水分會從起司表面慢慢蒸發並乾燥。此時若是細看表面，就會發現每個地方都沾有白色的結晶，吃的時候會有一種沙沙的口感；當熟成度增加，這個白色結晶也會出現在起司內部。很多人以為這是加鹽時使用的食鹽（NaCl）乾燥結晶而來的，但其實這是名為酪胺酸的胺基酸結晶，並非食鹽，有機會大家可以嚐嚐看。由於因熟成而囤積的酪胺酸在水中的溶解度相當低，所以很容易就出現結晶。而酪胺酸的結晶化，即代表酵素的酪蛋白正持續進行分解，並生成了許多鮮味類胺基酸的最好證明，也可說是美味與熟成度的「指標」。所以只要看到熟成類起司表面佈滿白色結晶，就代表這是一塊熟成度相當高的美味起司。

若仔細觀察起司的熟成過程，就會發現有的地方熟成速度快，有的地方進行的較慢。例如製作卡門貝爾起司時，會在未熟成凝乳的表面以噴霧的方式接種白黴，因此這類利用黴菌製作的起司便會由外而內慢慢進行熟成。在這種情況下，尚未熟成的卡門貝爾起司即便外層看似已經熟成了，但內部依舊還有未熟成的「芯」殘留。所以像這樣的起司若是呈圓盤狀，一旦內部熟成時外層就會稍嫌過熟，因此必須採用特別的方式切塊食用。圓盤狀的起司要沿著直徑切半，以放射線的方式將整個起司切成大小均等的扇形塊，再由中心部朝外部一口享用，這樣就能品嚐到起司整體的「當季」風味了。

不過像加工起司是將起司與熔鹽一起加熱溶解後殺菌製成的，裡頭的乳酸菌已死亡、酵素也失去活性，因此高達起司與切達起司在製造的那一刻起風味就已經固定不會產生變化，所以無論何時都是最佳品嚐時機。

為找出「最佳品嚐時刻」所做的研究

近期，可以檢驗出複雜滋味的儀器開發日益進步，使得市面上開始出現一種味覺比一般常人還要細膩的「電子舌」。而利用這類機器來判斷熟成時期、以及各種起司的品嚐時機等相關研究也漸有斬獲。

另外，使用兆赫波（terahertz radiation）進行的起司光譜分析，在未來說不定也能明確告訴我們起司的最佳品嚐時機。兆赫波是一種居於紅外線與電波之間的電磁波，波長通常維持在300微米左右，換算成周波數的話，約1兆赫左右的領域。1兆赫是10^{12}赫茲，只

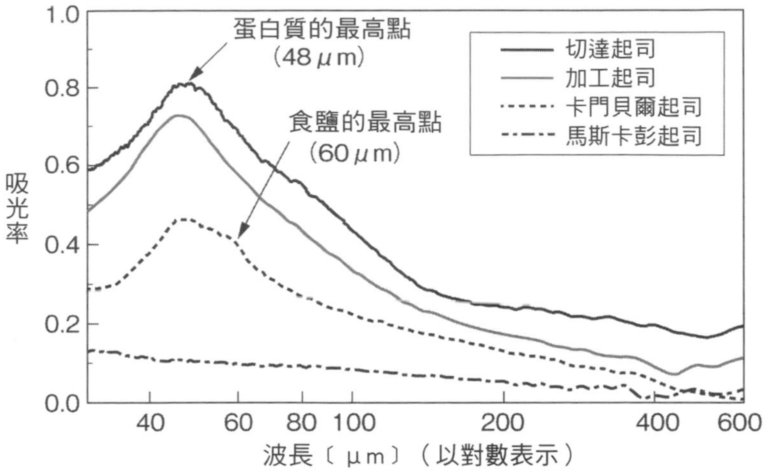

圖8-8　**四種起司吸收兆赫波的樣子**（京都大學教授・小川雄一的分析）

要調查兆赫波與起司所產生的相互作用，就能夠得到蛋白質的高次結構與構造變化的相關資訊。

圖8-8是將四種市售起司切成薄片，用分光鏡調查光譜之後所得到的結果。橫軸是波長，縱軸是吸光率，透過這張圖我們可以得知哪一條波長的兆赫波會被大幅吸收。這張圖囊括了各種不同的資訊，例如蛋白質的數量與種類，以及酪蛋白微團的高次結構等。例如蛋白質含量高的起司波長，在48微米附近會出現吸收高峰，卡門貝爾起司的波長在60微米處的情況亦然；這一點與食鹽的吸收高峰是一致的。另外，加工起司的光譜線條形狀與切達起司很類似，因為其主要的

原料是切達起司與高達起司。

兆赫波分析在未來除了運用在觀察起司的品質與發酵情況（品嚐時機），說不定還能夠分析蛋白質的複雜構造，進而開創一條新的研究途徑。

不過對我們而言，最安心的方法還是在購買天然起司時向專家請教品嚐時機的相關建議。起司專賣店通常都會聘請具備「熟成管理師」資格的起司專家，有機會的話一定要多向他們請教。

製造起司是「富有國家」的特權嗎？

我們前面提到了起司有最佳的品嚐時機，不過最近的問題在於，人們漸漸等不了這段漫長的熟成時間。

像是美國經常趕著生產披薩專用的莫查列拉起司，起司只要　製成，就會立刻冷凍、刨絲裝袋，並出貨到世界各地的起司連鎖店，因此美國遲遲無法做出需經2年或3年長期熟成的起司。所以即便美國是起司產量最多的國家，還是得從國外進口這類的起司。

至於超硬質的帕爾馬起司則如前所述，製造之後必須經過12個月的熟成才能印上

「Parmigiano Reggiano」這個名稱。這代表這種起司需要一年三百六十五天的時間熟成，所以就算披薩與起司漢堡被列入「速食」這個類別之中，但起司可說是貨真價實的「慢食」（雖然意思與世人所說的慢食略有出入）。因為得忍住想要趕快品嚐美味起司的慾望，在某種意義上，起司可以說是一種禁欲食品。

起司這種食品若是在飢荒與糧食危機頻傳、開發遲緩的國家或地區，製作起來實屬不易。所謂熟成，是將好幾百個重量達40 kg的大型高價起司，長時間放在能維持低溫高濕度、且空間寬敞的熟成庫裡熟成的作業。當然，在設備與人力費用上也須要投入龐大的成本，所以長期熟成的起司才會如此昂貴；而想要透過販售這些起司來獲取收入，還有一條漫漫長路要走。因此起司製造業通常須要具備某種程度的經濟基礎，這也是為什麼起司製造國與出口國往往是經濟蓬勃發展的先進國家。

不過現在也有人想出了暫時提升熟成溫度（上限為14℃）、利用輔助菌酛（為了加速風味生成而另外添加的菌酛，adjunct starter）或是添加脂酶等方法，來縮短起司熟成的時間，而這些方法也被廣泛的實用。不僅如此，甚至有人開始研究如何提前起司的最佳品嚐時刻。

牛比人還懂吃？

應該有不少人認為日本人對於味覺的敏銳程度勝於歐美，被納入無形文化遺產的「和食」，其所展現的細膩風味與繽紛色彩，世上應該沒有其他料理能夠仿效。甚至說最懂美食的是日本人也未必有誤，但令人驚訝的是，牛的味覺竟然比日本人還要敏銳。

成人味蕾的平均數量約有5000個，那牛的味蕾呢？數量竟然高達2萬5000個！以味蕾的數量來比較，牛根本是超過人類5倍的「美食家」，這恐怕連日本人都望其項背、自嘆不如。

其原因在於，牛的第一個胃一旦被毒性物質進入，就會造成胃中多數的微生物死亡，導致第一個胃進行的瘤胃發酵（消化纖維質的發酵）作用停擺，進而對生命造成威脅。因此為了避免毒物進入體內，勢必要靠敏銳的味覺才行。

另一方面，貓的味蕾數量非常少，只有500個。身為肉食類動物的貓有別於草食類動物，他們的食物是活生生的動物，因此不須特地判別這些食物是否腐壞；再加上牠們食用的動物大多是固定的幾種，所以可以確定這些食物沒有毒，也就不需要靠味覺來判斷。

我曾經以日本國際協力機構（JICA，Japan International Cooperation Agency）乳類專家的身分到南美阿根廷的科爾多瓦大學進行短期研究指導。及至今日，我依舊記得當時在大草原的大農場裡視察時，向高喬人（南美洲的牛仔）請教的問題。

漫步在食用牛放牧地的大草原時，我發現到處都會看到一些乍看之下非常美味、帶有紅花的草叢，但一問之下，才知道原來這些都是毒草。由於牛非常了解哪些草帶有毒性，所以當牠們在進食的時候，便會避開那些草不吃。牛若是能開口說話，人類說不定會因為改聘牛隻當味覺測試員而失業呢。

第9章

起司組織與物性的變化

某種物質擁有的物理性質稱為「物性」。物理性質有各種不同的觀點，例如傳遞熱的容易度（導熱性）、傳遞電的容易度（導電性）、對力的強度與硬度（延展性）。如果是起司的話，組織的密度、接近液體還是固體等，這些狀態均與物性息息相關。

首先要提的是，作為原料的乳類是液體，但只要添加凝乳酵素的凝乳酶、並放置一段時間，就會產生「凝乳」現象，當下任誰見到都會大為感動。此時整個組織會突然凝膠化（也就是從液體變成固體的反應），這就是堪稱衝擊景象的乳類物性變化。

另外，起司組織在熟成的過程當中會慢慢產生變化，尤其白黴類起司的內部還會隨著熟成搖身變成入口即溶的柔軟組織。而莫查列拉起司類的起司只要一加熱，原本為固體的起司就會突然融化，甚至拉出絲條。不僅如此，條狀起司（string cheese）是由莫查列拉起司不斷地重複加熱、拉扯、冷卻製成的，最後更能做出用手就能拉出無數絲狀的神奇組織。這些都是僅見於起司，且極為特殊的物性變化。

起司為何會出現如此戲劇性的物性變化呢？我們在「前言」曾經提到，起司這個能自在變換姿態的獨特能力，便是來自酪蛋白。

戰鬥機與酪蛋白

感受起司「美味」的重要元素，當然就是鮮味與香味。除此之外，與「加熱就會融化牽絲」的這個獨特性質也息息相關。

當麻糬用烤或煮等方式加熱時，組織會開始延伸。此時延伸的是澱粉，因為澱粉裡會出現「將α-澱粉轉換成β-澱粉」的構造變化，所以與葡萄糖（glucose）重合的澱粉多醣（polysaccharide）就會因為加熱而產生物性變化。

不過起司加熱後能融化延伸的原因，則是因為蛋白質產生變化而不是澱粉，與醣類一點關係也沒有。裡頭隱藏著酪蛋白這個罕見的蛋白質特性。

世界上有無數種蛋白質，幾乎所有的蛋白質加熱後都會產生熱變性，組織會萎縮變硬。但唯有乳蛋白中的酪蛋白不同，即便加熱也照樣聞風不動，酪蛋白在110℃的環境下即使加熱10分鐘也沒有問題。

與我同一研究室的第二代教授中西武雄老師，在因戰事而物資匱乏的時代，就研究出了利用酪蛋白這個受到關注的特性，來黏著戰鬥機機翼的「酪蛋白膠」。

巧的是，我在大學寫畢業論文的時候，剛好也提到其中一種酪蛋白，也就是κ－酪蛋白的加熱變化。如前所述，κ－酪蛋白是凝乳時最重要的蛋白質成分。為了將這種成分加熱至110℃，我把酪蛋白調成溶液，倒入材質較硬的特殊試管裡，用油浴方式加熱來反覆實驗。當時的我對於酪蛋白為何會如此耐熱這一點深感不解，所以才會如此認真思考。

最大的原因在於「鬆散的結構」

接下來，讓我為大家闡明酪蛋白的耐熱性質（耐熱性）究竟是怎麼來的吧。

在構成酪蛋白的胺基酸當中，脯胺酸的含量特別多，而脯胺酸擁有一個非常特別的性質，就是會均勻地分布在整個分子上。

圖9－1是β－酪蛋白分子的脯胺酸的存在構造。這個酪蛋白分子裡的所有胺基酸當中，脯胺酸佔了約30％，比例異常高，且均勻地分布在整個分子上，沒有任何偏頗。

Arg^{1}~Asp-Glu-Leu-Gln-Asp-Lys-Ile-His^{50}-Pro-Phe-Ala-Gln-Thr-Gln-Ser-Leu-Val-Tyr^{60}-Pro-Phe-Pro-Gly-Pro-Ile-His-Asn-Ser-Leu^{70}-Pro-Gln-Asn-Ile-Pro-Pro-Leu-Thr-Gln-Tyr^{80}-Pro-Val-Val-Val-Pro-Pro-Phe-Leu-Gln-Pro^{90}-Glu-Val-Met-Gly-Val-Ser-Lys-Glu^{100}-Ala-Met-Ala-Pro-Lys-His-Lys-Glu-Met-Pro^{110}-Phe-Pro-Lys-Tyr-Pro-Val-Glu-Pro~Val^{209}

圖9-1　酪蛋白分子的隨機結構

灰底部分為脯胺酸（β-酪蛋白的部分結構）

脯胺酸若是以這種形式存在的話，情況會變得如何呢？我們在第4章已經提過，酪蛋白分子是一個沒有結實牢固立體構造的隨機結構。雖然沒有較貼切的字詞可以形容，但說穿了就是一個「鬆散的構造」。其實這個鬆散的構造，正是酪蛋白得到無與倫比的耐熱性的原因。

不管是酪蛋白聚集形成的酪蛋白次微球，還是由其聚集將近1000個數量形成的酪蛋白微團，這個耐熱性都會一直傳承下去，即使加熱也不會變硬。也就是說，酪蛋白之所以能一直維持柔軟這個特性，即是因為可以自由活動的隨機結構；酪蛋白加熱後就會融化、富有延展性的原因之一就在於此。

其實隨機結構應該是母牛為了讓小牛容易吸收乳蛋白的酪蛋白，而刻意生合成的性質。牛在進化的過程當中，一定也沒想過酪蛋白竟會與耐熱性扯上關係吧。因為這個溫度域的性質，已經遠遠超過小牛飲用牛乳的溫度（約39℃）了。

酪蛋白形成耐熱性的第二、三個原因

除此之外，酪蛋白會如此耐熱還有以下幾個原因。

在起司的組織中，微小的酪蛋白次微球是以膠體狀（colloid）的磷酸鈣相互鍵結而成的（交聯），而且這個結構還支撐著較大粒子的酪蛋白微團。起司凝塊在這些酪蛋白微團的相互鍵結之下，構成柔軟的網狀結構，因此起司只要一加熱，分子運動就會變得活絡，但柔軟性依舊不變。在這種情況下，粒子較小的酪蛋白次微球之間的基本矩陣式結構會繼續維持，只有分子結構產生變化並延展，這就是第二個原因。這解釋起來或許不太好懂，但還是希望大家能稍微有些概念。

此外，酪蛋白還有一加熱就會溶解的性質（加熱溶解性），這部分的詳情留待後述。另一方面，乳類所含的乳脂肪裡頭，也有加熱就會融化的作用，這個作用也會派上用場，使酪蛋白的分子一加熱就和纖維一樣朝相同方向延展，這就是第三個原因。

酪蛋白這個「只要．加熱就會融化延展」的特殊性質經善加利用後，就促成了「撕條起司」這個嶄新口感的商品誕生。

一加熱就會融化（軟化）的獨特物性是天然起司的共同點，即便是持續熟成超過12個月的帕爾馬起司也不會失去這個性質。只不過因為其蛋白質會進行分解，所以不會有「牽絲」的情況出現，因此做料理時，帕爾馬起司經常會被磨碎加在湯裡，或是撒在義大利麵及義大利燉飯上，成為今日義大利料理的基本食材。

加工起司加熱後，為何不會出現延展性？

家裡買了早餐用的起司片（薄片）想放在麵包上用烤箱烤來吃。原本期待能吃到和披薩一樣入口即溶的口感，卻萬萬沒想到上頭的起司根本不會牽絲而感到失望——應該不少人有這樣的經驗吧？

其實到食品店可以買到兩種起司片。一種是不加熱食用，直接用來夾三明治或是撒在沙拉上的起司片；另一種是放在土司上加熱烘烤，能品嚐融化時綿密口感與香醇風味的起司片。購買時如果沒有仔細確認，就會出現上述令人失望的情況。

這兩者的差異究竟是什麼呢？讓我們來比較看看這兩種起司片的商品標示。雖然不論哪一種都標示著加工起司，但其實裡頭所使用的乳化劑種類、用量有些不同。

接下來，就讓我們稍微詳細地說明加工起司的作法。

所謂的加工起司，指的是將高達起司、切達起司等熟成類天然起司切碎混合後，加入檸檬酸鈉或磷酸鈉等乳化劑（或稱熔鹽），經過乳化、加熱溶解後製成的起司。這裡所說的「乳化」，指的是將種類不同、尚未混合的起司粒子均勻攪拌的狀態。日本法令的乳等省令（與乳類以及乳製品成分規格有關的省令）第2條第18項，將加工起司定義為「將天然起司磨碎、加熱溶解後乳化而成的物質」。

高溫加熱過後，天然起司裡原本還有生命的乳酸菌會被消滅（殺菌），各種原本具有活性的酵素也會因加熱而失去活性（去活化），因此滋味與香味便會在這個時間點固定，自此不變。

那又為什麼要做成兩種不同的起司呢？

加工起司在進行乳化的過程當中，會先溶解將酪蛋白次微球鍵結在一起的交聯——磷酸鈣，並切斷鍵結。接著，和酪蛋白分子鍵結的鈣離子，會開始慢慢與來自乳化劑

（熔鹽）的鈉離子交換；於是可溶於水的對位酪蛋白鈉的佔有比率，會漸漸高於無法溶於水的對位酪蛋白鈣。加工起司在乳化進行極為旺盛的階段中，對位酪蛋白鈣幾乎會被對位酪蛋白鈉所替換、變成水溶性，因此就算對位酪蛋白加熱也不會產生黏性，所以才會失去延展性。

我們在購買起司片時必須看清楚包裝，因為上頭都會透過圖案或文字標明是加熱後會溶解的起司或不會溶解的起司。另外，最近有些商品還會在包裝材上以藍色表示不會溶解、以紅色表示溶解，以示區別。

何謂乳化？

接下來，我們要來看看加工起司在製造的過程當中特有的乳化作用。我們通常會用檸檬酸鹽與磷酸鹽等熔鹽來當乳化劑。如果沒有添加這些乳化劑，直接將天然起司粉碎混合加熱的話，蛋白質與脂肪就會分離無法融在一起，這樣就不能做出和橡膠一樣凝結、質感滑順的起司製品了。

熔鹽所帶來的乳化作用，若用生硬的專業用語來解釋，進行時有以下這三個步驟：

〈步驟1〉

熔鹽的鈉（Na）與鍵結在起司對位酪蛋白上的鈣（Ca）交換離子。

〈步驟2〉

起司中的對位酪蛋白出現溶解化與水合作用。

〈步驟3〉

可溶性蛋白質增加。

請放心，以上這些步驟我會在接下來做說明。

有關步驟1我們剛才已經簡單說明過了，如圖9-2所示。酪蛋白微團的每一粒微球會利用膠體狀的磷酸鈣交聯，緊密鍵結在一起。然而這個鍵結並不耐酸，在優格中的鍵結會因為乳酸菌製造的乳酸而溶解，所以酪蛋白微團便連同其組成成分——次微球也跟著分解；因為失去了次微球強固的交聯結構，所以優格加熱也不會出現延展性。而起司的味道之所以沒有優格那麼酸，是因為起司不會製造出和優格一樣的酸，所以交聯結構就不會因酸而融化瓦解，反而會好好地保留下來。如果沒有交聯結構的話，起司就不

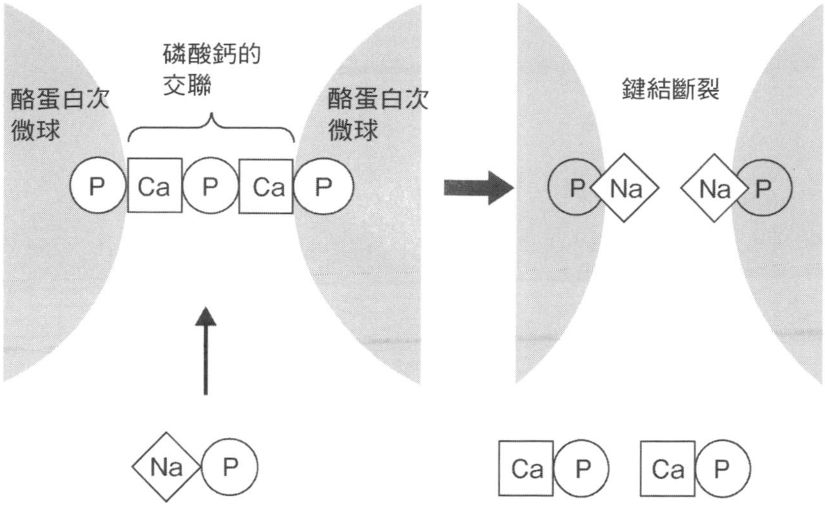

圖9-2　起司中的鈉與鈣交換離子的意象圖

會出現延展的狀況。

但只要添加當作乳化劑使用的熔鹽，讓鈉離子進入磷酸鈣之中（因為是交換離子，故名為離子交換反應），原本攻不可破的交聯結構就會漸漸損壞，延展的溶解性也開始慢慢減少。在進行離子交換反應時，pH值也會深受影響；加工起司的適當pH值範圍在5.0～6.5之間，只要pH值越低，熔鹽就會加速反應以促進解離。一般來說，pH 5.3已經是界線了，但如果pH值低於這個數字，那麼起司就會失去延展性。

至於步驟2，瓦解的酪蛋白次微球在進行乳化時水溶性會變大（溶解化），也就是會慢慢在水中溶解。被凝乳酵素的凝乳酶切斷的對位－κ－酪蛋白，會露於酪蛋白微團的表面上，這樣的分子整體稱為「對位酪蛋白」。鍵結在對位酪蛋白上的鈣會一一與乳化劑中的鈉交換，讓次微球可以慢慢溶於水中。

在步驟3當中，酪蛋白次微球的分解及溶解，讓酪蛋白在分子等級慢慢朝向溶解化。酪蛋白的分子屬於兩親媒性構造，在熔鹽作用的影響下，會變成酪蛋白鈉溶於水中（水合）並瓦解，於是自己便會作為乳化劑發揮作用。因此，只要酪蛋白的乳化反應持續活絡，起司的延展性就會完全消失殆盡。

如此一來，加工起司裡的酪蛋白次微球就會失去矩陣式結構，而無法溶於水的酪蛋白分子也會銳減，在這種情況之下，起司即使進行加熱也不會牽絲。

莫查列拉起司的組織祕密

加熱之後會整個融化、富有延展性的天然起司的最佳代表，就是莫查列拉起司。將莫查列拉起司切片後與番茄片交錯疊放，淋上橄欖油，最後再撒上羅勒葉，就是「番茄起司沙拉」；以及沒有這種起司就做不出來的傳統義大利披薩「瑪格麗特」，起司牽絲的模樣讓人食慾大開，這些都是知名的莫查列拉起司料理。

這種起司明明是未經熟成的新鮮起司，但是這顯而易見的加熱溶解性與延展性究竟是怎麼形成的呢？

莫查列拉起司的原料乳原本是水牛乳，義大利坎帕尼亞州（Campania）州都拿坡里最具代表性的，就是用水牛乳做成的莫查列拉起司。自從１９９３年得到ＤＯＰ認同之後就冠上州名，「坎帕尼亞水牛莫查列拉起司」（Mozzarella di Bufala Campana）便成為這種起司的正式名稱。雖然水牛的乳量比不上牛乳，但是蛋白質含量豐富，是製作起司的最佳乳類。可惜最近水牛乳的產量越來越不穩定，因此有不少莫查列拉起司改用牛乳來製作。

莫查列拉起司的作法如下。先將水牛純乳低溫殺菌，添加凝乳酶使其凝固，再將起司凝塊切碎，倒入95℃的熱水。如此一來，原本呈顆粒狀的細小起司凝塊會因為加熱而變成一大塊，且表面光滑亮麗，宛如麻糬。此時，會兩人一組地拉扯、撕拉（mozzare）溫度約80℃的起司塊，最後再浸泡入鹽水裡冷卻後，就是球狀的莫查列拉起司了。

這種一邊加熱一邊拉扯延伸的方法，稱為「麵糰捻絲法」（pasta filata）或「凝塊拉伸法」（stretched-curd）。「Filata」意指「撕成絲狀」，與後述的條狀起司（String Cheese）

的製法有關。

那麼，原為碎塊的起司凝塊，為何加熱之後就會凝結成塊、「變身」成富有延展性的起司呢？

如前所述，構成起司凝塊的酪蛋白微團其表面有κ－酪蛋白，這種分子被凝乳酶分解之後會變成對位酪蛋白微團，表面呈疏水性。在這種情況下，酪蛋白微團會相互鍵結，產生矩陣式結構，網絡之間呈現相互拉扯的狀態。因此當其受到來自外力的「拉扯」時，便會發揮抗力產生「黏著」現象。

另一方面，脂肪球會在矩陣式結構當中以油滴狀態存在，不過這些分子會相互反彈，而不是拉扯。

像這樣將起司凝塊加熱、混合之後再拉扯的話，就算蛋白質發揮抵抗力，也一樣可以延展。包含在網絡之間的脂肪球與游離水，也會井然有序地朝蛋白質延展的方向排列延伸，展現與蛋白質合而為一的形狀。這就是莫查列拉起司因為加熱整個溶解之後，呈現延展性的科學原理。

這個一邊加熱一邊延展的製法除了莫查列拉起司之外，波羅伏洛起司（Provolone

Cheese）、斯卡摩札起司（Scamorza Cheese）、馬背起司亦採用相同方式來製作，因此這類起司有時亦可統稱為「紡絲型起司」（pasta filata）。

條狀起司的作法與組織的祕密

用手就能撕成條狀的起司，稱為條狀起司（String Cheese）（圖9-3）。第一次嚐到這種起司的人，與其說是愛上其風味，不如說是被可以撕成細條狀的有趣組織吸引。

日本的雪印乳業在1980年以「String Cheese」為名，將這種起司商品化，之後又將商品名改為「撕條起司」販售。開發這種起司的，是位在山梨縣小淵澤的雪印惠骨牛乳司研究所。生產莫查列拉起司的雪印，因為對於最後製成的莫查列拉起司組織會變成和「魷魚絲」一樣感到興趣，因而將其商品化。其縱長性質的纖維質組織，其實與貝柱的組織相當類似。

條狀起司是將起司凝塊放在溫水中揉捏混合，將裡頭的蛋白質組織朝同一方向拉扯、冷卻，再加熱、拉扯、冷卻，反覆重複這幾個步驟後起司會硬化，於是便大功告成。就起司的分類來講，與莫查列拉起司一樣，都是屬於「紡絲型起司」。

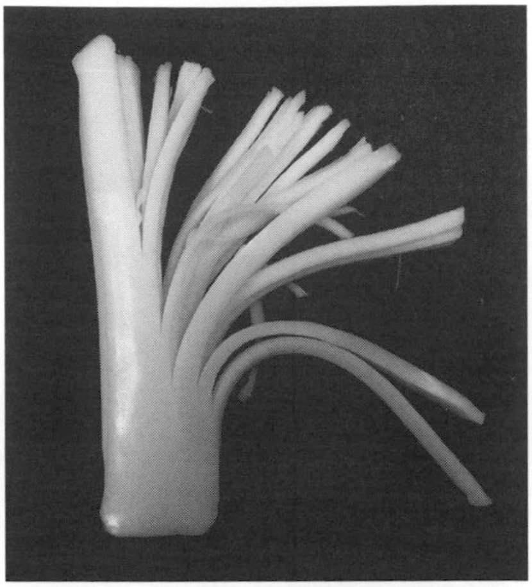

圖 9-3　條狀起司

為什麼會形成這樣的組織呢？說穿了，其實與莫查列拉起司一樣，是表面呈疏水性的對位酪蛋白微團，在相互鍵結時其抗力因為拉扯的力量而產生黏性。所以酪蛋白的分子方向會整齊地呈現纖維狀，進而形成這樣的組織。只要觀察條狀起司順著延展方向撕開的那一面，就會發現上面有不少細絲狀的起司組織。

圖9-4是掃瞄式電子顯微鏡（SEM）下的條狀起司的模樣。照片a（縱切的組織面）可以觀察到整齊劃一、呈纖維狀的酪蛋白分子，而照片b（橫切的組織面）看到的不是呈「絲狀構造」一條一條獨立的纖維，而是連結在一起的蛋白質。至於出現孔洞的地方，是脂肪球或揉捏混合時滲入的水。另外，乳酸菌也會附著在上面，很符合一般對於起司的印象。兩處箭頭所指的狹窄處，是起司縱向撕條時最容易撕開的地方。只要這樣的地方有大裂縫，這條起司就可以撕成好幾條細絲。大家是否看出照片a其實是3條在細條的狀態之下撕開的纖維呢？

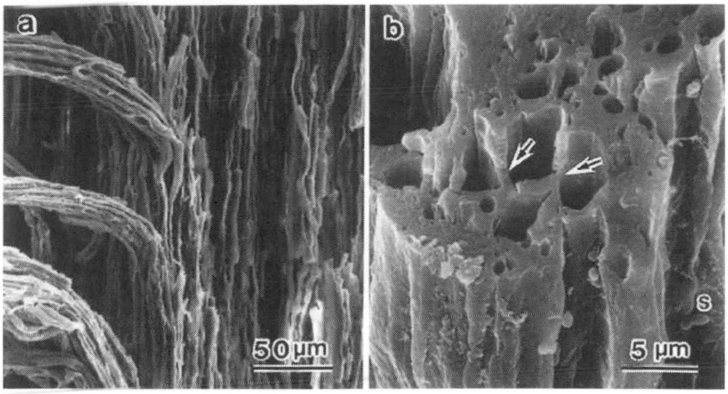

圖9-4　掃瞄式電子顯微鏡底下的條狀起司（木村利昭拍攝）
a：從側面看到的起司纖維　b：纖維組織的切面（s為乳酸菌）

藉由熟成讓組織更加香醇的變化

熟成不僅可以為起司增添風味，就「組織」的觀點來看也是一項重要的步驟。

剛開始進行熟成的未熟成凝乳，組織鬆散，絕對稱不上美味。然而裡頭的酪蛋白一旦在熟成的期間分解的話，組織也會脫胎換骨、變得非常滑順。可見熟成不僅可以增加麩胺酸這個鮮味成分，還能夠讓組織變得更加平滑順口，這都是起司完成不可或缺的要素。

屬於熟成類起司的高達起司與切達起司，也是在這段熟成期間分解酪蛋白，使其變成非常小的低分子。但是與新鮮起司的莫查列拉起司相比，加熱後起司組織溶解的性質（加熱溶解性）與延展性

（黏稠性質）卻反而會倒退許多。

瑞士傳統家常菜之一的起司鍋，使用了兩種知名起司——格呂耶爾起司與埃文達起司。這兩種起司加熱後雖然會融化，但若持續加熱裡頭的蛋白質與脂肪成分就會分離。不過若將含有玉米澱粉的玉米粉，用少量的白酒調開，再加入這兩種切碎起司一起煮的話，起司就會變得非常滑順、綿密。

做好的起司鍋在享用的同時會一邊保溫，可以用長柄叉子串上麵包或蔬菜沾著起司吃，可說是善用起司物性特色的絕妙烹調法。

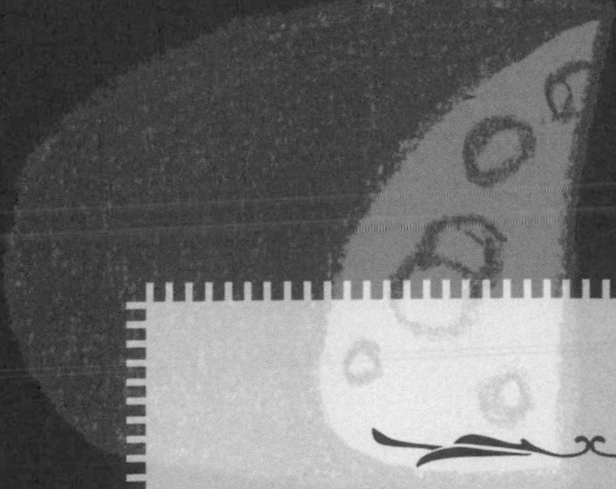

IV

起司與健康的科學

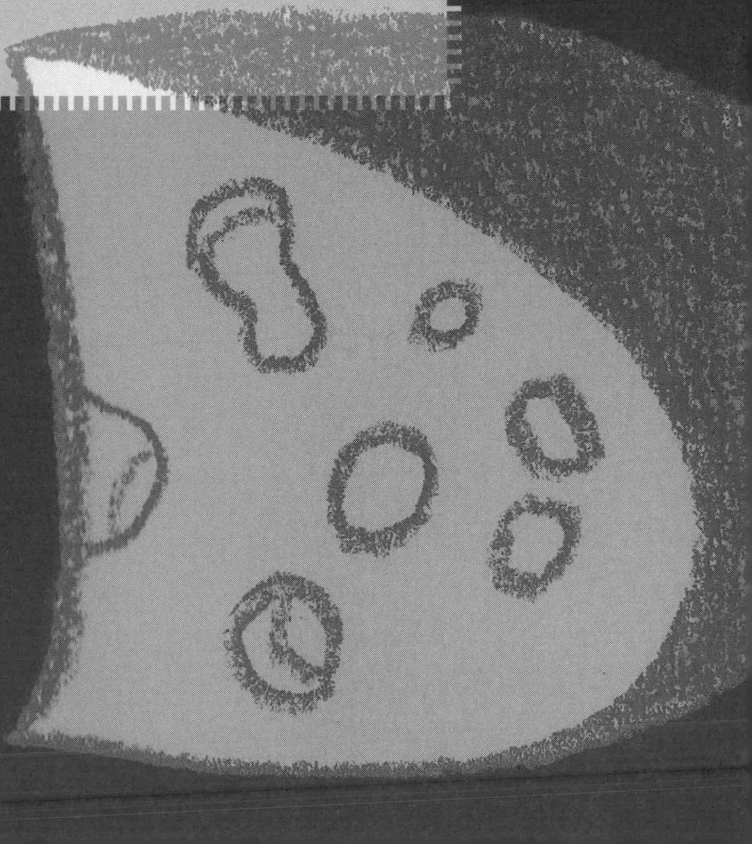

第10章

了解起司的功能

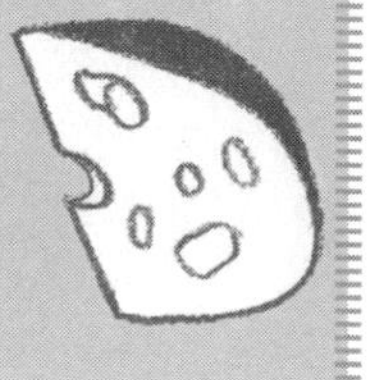

起司若扣除掉水分，就會變成蛋白質的酪蛋白與乳脂肪1比1的食品，且還包含了在進入熟成前「加鹽」時添加的鹽分。

而這往往讓人以為起司除了豐富的蛋白質外，也含有不少脂肪與鹽分，使得有代謝症候群與高血壓傾向的人敬而遠之。就以往的營養學觀點來看，這樣的憂慮不難理解。

然而在最近起司功效的研究當中，漸漸發現熟成類起司裡其實含有不少功能多樣的胜肽類分子。而且起司中含量極高的鈣，還能有效抵抗肥胖、預防蛀牙等，有益健康的功效不勝枚舉。

一般而言，食品所展現的功能性有一次功能、二次功能與三次功能。一次功能稱為「營養功能」，也就是熱量、蛋白質、脂肪、醣類與維他命等，是生物用來補充必需營養素以維持生命的途徑。

二次功能稱為「嗜好、口感功能」，也就是讓人感受到色、香、味、嚼勁、口感等，進食時可以體會到美味的功能。

三次功能稱為「健康性功能、身體調節功能」，也就是身體防禦、身體節律的調節、控制老化、疾患預防、疾病的恢復調節等，與維持、增進、調整身體健康的相關功能。

接下來要介紹起司的三功能，也就是維持與增進我們身體健康的幾種功效。

能夠預防骨質疏鬆症的「高齡者救世主」

我們之前有提過幾次，起司組織裡的酪蛋白次微球會相互與磷酸鈣所構成的網狀結構鍵結，所以能夠保留大量的鈣，讓起司足以譽名為「鈣質寶庫」。這一點不管是天然起司還是加工起司都是一樣的。

藉由女子營養大學教授上西一弘的研究，我們可以得知從乳類與乳製品的鈣質吸收約為40％。這是比魚類（約30％）、蔬菜類（約19％）都還要高的數值。乳類與乳製品的鈣質吸收為何能如此高一直是個謎，但近年來已經漸漸可以用科學觀點闡明其中原因了。

其中一個原因，是起司在熟成的過程當中，其β－酪蛋白產生的「酪蛋白磷酸肽」（Casein Phosphopeptides，以下簡稱ＣＰＰ）發揮了作用。這個成分在分子內包含了數種經過磷酸化、名為絲胺酸的胺基酸，一旦在腸道內與鈣離子鍵結並溶解，就能幫助腸道吸收鈣質。

此外副甲狀腺素（PTH, parathyroid hormone）會控制骨骼的形成，不過當我們調查食用起司後的血中ＰＴＨ濃度時，會發現到起司可以有效地抑制ＰＴＨ的產量，並促進骨骼吸收鈣質的作用。

另外，作為起司原料的乳類裡頭，則是含有「乳鹽基性蛋白質」（Milk Basic Proteins，以下簡稱ＭＢＰ）這種成分。ＭＢＰ的特徵，是由許多「等電點」為鹽基性的蛋白質所構成的。所謂的等電點，指的是胺基酸與蛋白質等兩性電解質（ampholyte）其電荷歸零的氫離子濃度。而蛋白質在等電點當中可以展現出各種不同的性質。

ＭＢＰ是由雪印惠骨牛乳的牛乳科學研究所發現的。ＭＢＰ具有加強形成骨骼的成骨細胞作用，以及提升膠原蛋白生成的作用；相對地，這種成分應該也具有能抑制破壞骨骼的破骨細胞過於活絡，並讓骨礦質維持均衡的作用。在動物實驗與人類臨床實驗證明下，我們可以肯定ＭＢＰ確實有益骨骼健康。

大致來看，起司是將牛乳濃縮10倍製成的食品，以此推算，起司所含的鈣質應該也是牛乳的10倍。因此只要食用少量的起司，就能夠攝取到高濃度的鈣質，且在消化的過程中還會生成促進鈣質吸收的ＣＰＰ，此外ＭＢＰ也包含在其中。不僅如此，起司裡並沒有阻礙鈣質吸收的膳食纖維等成分，可說是攝取鈣質的最佳食品。

與世界平均值相比，日本人容易缺鈣是眾所皆知。原因在於平常所喝的水是鈣質含量低的軟水，加上日本國產的稻米與農作物的鈣質含量也不多，因此對日本人來說，應大力推薦大家食用起司。

不僅如此，近年來隨著高齡者的增加，罹患骨質疏鬆症的人也跟著直線攀升；還有統計報告指出，和全球相比，有過多日本女性利用不合理的方式減肥導致體型過瘦。為了防止骨骼量與骨質密度下降，起司可說是這方面的救世主。

抑制血壓上升的起司

熟成類起司裡包含了許多胜肽類的酪蛋白分解物。起司在熟成時，會因為原料乳中名為胞漿素的蛋白酶、作為凝乳酵素添加的凝乳酶、增殖的乳酸菌釋出的溶菌蛋白酶酵素等的綜合水解作用，而產生各種不同的胜肽，因此起司也可算是「胜肽寶庫」。

在這些胜肽當中，我們發現了許多具有降低血壓功能的「抗高血壓肽」（antihypertensive peptide）。抑制血壓的作用機制固然複雜不已，但只要抑制（阻礙）存在於肺或動脈內皮的血管收縮素轉化酶（ＡＣＥ）的活性，應該就能夠有效降低血壓。

包括筆者在內，不少人曾經從各種熟成類起司當中將胜肽單離出來，企圖從中探索出可以阻礙ＡＣＥ活性的胜肽。我們讓高血壓發作的實驗鼠食用各種胜肽，從中特定出能夠實際降低血壓的種類。這些胜肽被食用後，到了腸道會被分解吸收，並且輸送到血液中與ＡＣＥ鍵結，讓構造產生變化。這就是能抑制生成導致血管收縮的第二型血管收縮素（Angiotensin II），並降低血壓的原理。

雖然起司降低血壓的功能尚未廣為人知，但今後相關的研究應該會受到很大的關注。

讓人期待瘦身效果的起司鈣質

美國有一份數據驚人的報告指出，罹患動脈硬化疾病危險性高、也就是符合「代謝症候群」複合型風險症候群條件的人當中，成人佔25％，而60歲以上的人更是高達50％，是令人相當吃驚的數據。即便是日本，40～49歲的男性中約有35％，50～59歲的女性中約有22％的人是ＢＭＩ值超過25的「代謝症候群」預備軍（平成25年國民健康營養調查）。

起司與代謝症候群的關係，以往都被認為是因為起司脂肪含量多，容易造成肥胖，所以最好不要食用。但現在大家漸漸明白，起司裡頭的乳脂肪其實含有不少的揮發性脂肪酸、中鏈三酸甘油脂，不但在消化的過程中容易分解，更不容易囤積在體內。

不僅如此，美國田納西大學Michael B. Zemel在２００４年發表的最新研究成果更值得注意。他將鈣質分成營養品與乳製品，並按照不同分量讓肥胖者食用。結果發現，當提供乳製品時，可以看出受驗者的體重減少了。其中，此研究結果有一個非常重要的結論，那就是只要在幼兒期充分攝取乳製品，通常到18歲為止就能夠擁有不易囤積體脂肪的體質。

雖然目前針對鈣質具有預防代謝症候群的效果，仍有幾點無法闡明，但我們還是可以推定，這是一個能夠掌控脂肪細胞代謝、促進脂肪分解的機制。

鮮為人知的預防蛀牙效果

應該鮮少有人知道硬質起司能夠有效預防蛀牙吧。筆者也沒有印象有看過有類似的企業廣告宣傳。

但是在歐美，自古以來人人皆知起司具有預防蛀牙的效果，而且還可以找到不少相關的研究報告。例如用10％的糖水漱口之後再嚼5g的切達起司，就能夠抑制牙齒的琺瑯質（氫氧基磷灰石）脫鈣（礦物溶解後在牙齒上形成孔洞），同時齒垢的pH值也會上升，這在報告結果中得到了71％的受試者認同。同時我們也得知，加工起司與天然起司在這方面的作用是相同的。

這樣的作用最重要的，就是起司組織中的酪蛋白次微球在交聯時會出現磷酸鈣。當牙齒因為蛀牙而脫鈣時，能將蛀牙洞填補（再礦化，remineralization）的化學成分就是磷酸鈣。這個成分在口腔內部的酸性環境下溶解度會上升並溶出，我們可以推斷這就是減少琺瑯質脫鈣現象的機制。

另外，起司的主要成分酪蛋白本身也具有預防蛀牙的效果。因為酪蛋白會吸附在琺瑯質表面，藉由分子的緩衝能力來預防pH值急速下降，進而保護牙齒。如前述，具有此作用的酪蛋白在有親水性與疏水性領域的分子中呈現兩親媒性構造，因此會在牙齒表面與疏水領域結合，形成一種生物膜（biofilm），於是便能預防蛀牙菌附著在牙齒上。

不僅如此，咀嚼起司還能夠刺激唾液分泌，進而讓其中的溶菌酶（lysozyme，抗菌成分）產生殺菌作用，同時唾液可以將牙齒表面洗淨，抑制齒垢的pH值下降。尤其硬質起司預防蛀牙的效果之所以較佳，應該就是因為充分咀嚼產生大量唾液而來的。

世界衛生組織（ＷＨＯ）針對各種疾病與食品關係的研究論文進行討論，並將其在科學上的正確性分為包含「確定」、「可能性高」、「有可能」等的四個階段。在牙齒表面塗氟的方式是「確定」的，而緊接在後的則是「可能性高」的硬質起司的預防蛀牙效果，與無糖口香糖並駕齊驅，比分類在「有可能」項下的牛奶、木糖醇以及膳食纖維還要居上位。因此在科學上，起司是預防蛀牙效果最佳的食品之一。

餐後食用起司如果能夠預防蛀牙的話，相信會是好事一件。但這並不代表可以不用刷牙，大家可別過度解讀。

有效預防認知症的最新研究

隨著急速的高齡化，阿茲海默症等失智症在日本已經成為社會大眾關心的重要議題。目前這個疾病仍未找到發病原因及有效的治療方法，不過於2015年，麒麟啤酒公司的研究團隊從實驗鼠身上發現，攝取卡門貝爾起司能夠有效預防阿茲海默症。

這項研究將重點放在導致認知功能低落的老舊廢物「β澱粉樣蛋白」（amyloid β），以及可以將其去除的免疫細胞「小膠質細胞」（微膠細胞，microglia）上。我們大腦中的β澱粉樣蛋白，會隨著年齡增長而日益累積，通常靠小膠質細胞就能夠去除；但如果沒有清除乾淨，甚至沉積在腦內，就會導致掌管大腦功能的神經元（神經細胞）無法正確傳遞資訊，使得記憶與認知功能難以維持。

於是研究團隊試圖找尋能夠讓腦內的「清道夫」小膠質細胞更加活絡的有效成分。自古以來，日本國內外就已經有不少與「習慣食用起司等發酵食品的人，老後認知功能會比較好」的主題相關的流行病學報告。當時是以起司為研究對象，並透過自然出現阿茲海默症病狀的實驗鼠，調查其去除β澱粉樣蛋白的活絡程度，以及抑制腦內發炎症狀的效果。

結果，白黴發酵的卡門貝爾起司、藍黴發酵的藍起司，被公認有能顯著減少β澱粉樣蛋白的效果。最後經確認，終於成功鎖定是「油酸醯胺」（oleic acid amide）與「去氫麥角固醇」（dehydroergosterol, DHE）這兩項有效成分。油酸醯胺來自乳脂肪中含量第二多的不飽和脂肪酸——油酸，其成分是起司在熟成的過程中產生的阿摩尼亞及油酸，在與白黴酵素產生反應後所生成的。至於去氫麥角固醇，則是牛乳原本就含有的麥角固醇（ergosterol）因黴菌的酵素發揮作用所形成。

起司在發酵與熟成的過程中會生成許多有益成分，但是像這樣恰巧產生特定成分的例子並不多，這項日本的研究成果真的非常出色。

起司與優格截然不同的健康效果

不管是優格還是起司，都是以乳類為材料，並經過乳酸發酵製造的乳製品。無論是哪一種，都是人們心中「有益健康的食品」。但是這兩者有益健康的方式卻截然不同。

大致來講，優格是一種可以攝取乳酸菌、雙叉乳酸桿菌（Bifidobacterium）等益菌，進而帶來整腸效果的食品；而起司則是為了攝取優良蛋白質與鈣質的食品。

最近市面上有許多優格，都會添加具有各種功效、名為益生菌（probiotics）的乳酸桿菌以及雙叉乳酸桿菌。有不少研究報告證實，這種功能性優格能夠有效抑制幽門螺旋桿菌滋生、守護腸胃，而且還能夠利用在菌體外形成的磷酸化多醣（phosphorylated starch）來提升NK細胞的活性，進而預防流行性感冒、控制肥胖。

另一方面，起司也被研究指出具有許多功效，皆為酪蛋白分解過後產生的胺基酸與胜肽所帶來的效果。因為這裡頭含有豐富的功能性胜肽，最具代表性的就是前述的ＣＰＰ與抗高血壓肽。不過最近出現了在後述的起司組織中添加機能性乳酸菌的商品，看來今後這兩者的功能性可能會漸漸趨近。

乳清的各種利用方法

我們在第II部中提到，在製造起司的過程中乳清經常被濾除、未有效利用，世界上大多數的起司工廠都會丟棄掉乳清。

但我們也提到，乳清裡含有豐富的白胺酸與異白胺酸，能夠增強肌肉的支鏈胺基酸（ＢＣＡＡ），棄而不用真的很可惜。鑑於此，已經有人著手開發讓隨著乳清流失的乳清蛋白質融入起司凝塊中的方法了。也就是先利用超濾膜（UF, Ultrafiltration Membrane）濃縮起司原料乳，萃取出乳清蛋白質，以增加凝乳後酪蛋白所含的乳清蛋白質。

透過這種製法，我們還能夠進一步製造出可以應對「肌少症」（sarcopenia），亦即能解決肌肉量減少等這一連串症狀的功能性起司。

利用超濾膜技術製作的「WPC34」產品，可以將乳清蛋白質的濃度提高到34%，其性狀與脫脂乳類似，可以用來替代牛乳添加在食品裡；不僅如此，能將乳清的蛋白質濃度提高到90%以上的「WPI90」，其產品性狀與蛋清蛋白質類似，現在也能夠用來當作高價蛋清的替代品，經常用來作為火腿的黏著劑或是製作高級沙拉淋醬。

利用這項超濾膜技術，將使用起司乳清的起司飲品、加入糖後加熱濃縮的起司果醬等在日本也已漸漸商品化。此外，也開發出了將乳清加入煮茶後剩下的茶葉中發酵，製成新的環保飼料（ecofeed）的方法。

以生火腿（帕爾馬火腿，prosciutto）產地而聞名的義大利帕爾馬地區，就是讓飼養的豬隻飲用帕爾馬起司製造時濾除的乳清而聲名大噪。像這樣飼養乳清豬，也算是讓乳清物盡其用的方法。

乳清蛋白質還有一項利用方法。最近以歐美為中心的地區因為日益高漲的健康意識，低脂肪起司掀起了一股熱潮，進而開發出嶄新的製造方式。其所採用的方式，就是讓起司原料乳保有特定含量的水分以防止乳清被濾除，並以乳清來替代脂肪。不僅如此，甚至有人考慮提高水分含量作為脂肪的替代品，將焦點放在非常細膩的乳清蛋白質上，期望透過這樣的方法能增加肌肉量。

另外，採用離心分離（centrifugal separation）的方式將脂肪從起司原料乳中濾除，使其低脂肪化的方法也正在研究當中。就現階段來說，低脂肪起司的風味與物性雖然比不上一般口味的起司，不過今後的需求應該會大幅提升。

益生菌起司的登場

芬蘭的研究團隊提出了一種全新的熟成類起司。那就是在菌酛裡添加12種用乳酸菌、雙叉乳酸桿菌等益生菌混合而成的菌株使其熟成，藉以產生全新的生物活性（bioactivity）。報告指出，使用嗜酸乳桿菌（A菌，Lactobacillus acidophilus）與雙叉乳酸桿菌製造時，裡頭的菌至7個月為止可以達到100萬個／g的水準，製造出風味極佳的起司，而且還可以找到前述具有降低血壓功能的抗高血壓肽。今後能夠帶來各種嶄新保健效果的起司，現在已經正式進入開發。

另外也有人提議將完成的起司與益生菌體揉和，以生產出具有功能性的益生菌起司，說穿了，就是前述功能性優格的「起司版」。由於屬於厭氧類的乳酸菌等生菌在起司組織中能長存，因此也有人提出「乳酸菌運送系統」——直接將尚活絡的有用乳酸菌送至腸道的方法。

近未來的起司類型

我們曾經提到，乳酸菌的大敵，就是會感染菌並且將其融化的病毒「噬菌體」。製作起司時該如何預防感染噬菌體讓人頭疼，不過最近在基因工程上卻有人提出了對付噬菌體的對策。

在實驗室中，已有人將噬菌體的抗性機制成功地植入乳酸菌中。此種情況下，也有可能形成讓感染上噬菌體的乳酸菌自行死亡的機制。

不僅如此，人類真的是很異想天開，竟然有人開發出積極利用被噬菌體感染的乳酸菌所出現的溶菌現象。也就是抓準時機，一鼓作氣讓乳酸菌感染上噬菌體，藉此縮短起司的熟成時間。若是能夠在乳酸菌的溶菌期間自由控制噬菌體，說不定溶菌之後就能夠掌控優良蛋白質分解酵素釋放的時期與分量了。

在研究室用人為的方式製造出這些全新的超級乳酸菌已不再是癡人夢話。剩下的，就只有實用化這個階段了。

而在最近的基因工程這方面，起司也有值得期許的未來。

現階段的日本，尚未允許利用無殺菌乳來製造起司。不過由於日本的乳質品質非常高，因此某些地方准許使用「特別牛乳」這個名稱來販賣無殺菌乳。未來說不定日本也能夠和義大利或法國一樣，讓無殺菌乳製造的起司越來越普遍。

春天到夏天放牧在山上的乳牛，嘴裡正嚼著香氣撲鼻的花朵與牧草，而這股芳香也會融入分泌的牛乳之中。有朝一日，日本說不定也能夠品嚐到這樣的起司呢。

CHEESE COLUMN

起司的香醇美味，胃也品嚐得到

人類自古就開始食用含有豐富麩胺酸的昆布與番茄。而醬油、味噌與魚露等調味料，也是利用微生物的發酵作用來分解蛋白質、增加麩胺酸製成的。如此耗時耗力的原因，就是為了追求美味。而為何相較於其他的胺基酸，麩胺酸的鮮味會如此迷人，其原因至今依舊尚未解開。

不過最近有了一項非常重大的發現。2000年時，美國在舌頭上發現了可以感受鮮味的受體，2007年時進一步發現這個「鮮味受體」的候補基因除了口中的味蕾細胞，竟然還廣泛分布於消化器官之中。而且實驗鼠身上負責將胃等內臟的感知傳遞給大腦的神經，雖然對葡萄糖與食鹽毫無反應，但對於胺基酸的麩胺酸卻會出現異常反應。

這代表除了嘴巴，胃也感受得到鮮味。而這可以感受到兩次美味的稀有構造，即是麩胺酸特有的作用。

不僅如此，現在已知消化液會因鮮味刺激而分泌，進而促進消化。也就是說，食用美味的起司不僅食慾會大開，還會跟著促進消化。在未來，說不定也會在小腸與大腸等腸道發現鮮味受體。若腸道在鮮味的刺激之下蠕動會更加活絡，那鮮味在消化吸收上說不定也扮演者相當重要的角色呢。

結語

看完《起司的科學》後有什麼感想呢？若能讓大家透過「科學」的觀點，看看起司這個長久以來大家再熟悉不過的「食物」，並藉此意外地發現其中的趣味，那我會很高興。

作為「食物」的起司，原本只有少部分擁有特權的人能夠獨享。因為哺乳動物的乳類營養成分雖高，卻相當容易遭到微生物汙染，在當時根本就無法長期保存。不過先人卻成功地利用乳類製作「熟成類起司」，在還沒有冰箱的那個時代，可說是得到了一項可以長期保存乳類的夢幻技術。

這項發明讓人類的生活出現了一種意想不到、極為珍貴的副產品，乳類這個無味無臭的液體在經過發酵與熟成之後，會搖身一變成為一種幾乎是不同次元、風味絕佳的食物。

然而可以享受到這個發酵與熟成恩澤的，卻僅有少數人。畢竟在當時，世界上仍有不少人處於饑荒之中，生活窮困到無法確保三餐，要他們花上1、2年的時間慢慢等待起司熟成根本是不可能的事。也就是說，唯有成功克服飢荒所帶來的恐懼、生活無虞的人，才有辦法做出起司。這讓我想起，埃及王國的天文學、數學之所以會如此發達，其背景應該是因為貴族將工作全都交由奴隸處理，所以才能夠如此心無旁騖地去做研究。

就某種意義而言，及至今日，起司依舊會讓人覺得是一種「財富象徵」，像碩大的帕瑪森起司塊所擁有的價值，甚至可以成為向銀行貸款的擔保物。

不過隨著製造與保存等技術的進步，今日的起司已經能登上一般家庭的餐桌，成為日常生活中的庶民美食了。而發酵與熟成等的神祕現象，也因為「科學」而慢慢得到闡明。藉助肉眼無法看到的微生物力量做成的起司，其實也是解析全新生命現象的最佳濾鏡。

久保田敬子在《成為起司專家》這本著作中，提到了足以象徵起司奧妙的一段介紹。法國最有名的白黴起司，也就是卡門貝爾起司與布利起司，都是以牛乳為原料製成的起司。這兩種起司的作法雖然相同，但完成之後所呈現的風味卻是大相徑庭。卡門貝爾起司使用的是飼養在沿海地區、以受海風吹拂的牧草為糧的諾曼第牛（Normande）所生產的牛乳，因此滋味濃郁；而布利起司使用的是飼養在內陸地區的諾曼第牛所生產的牛乳，這些牛以完全不會接觸到海風的牧草為糧，因此製造的起司滋味溫和順口。然而，想要透過科學觀點闡明這兩者的差異實屬不易，光是這一點，就足以讓人強烈感受到，起司至今尚未解明的研究課題確實堆積如山。對於身為研究人員的我來說，這是一個相當值得鑽研的領域。而當今的起司，也已成了為所有人開闢一條道路的「科學」研究對象了。

說到我自己，東北大學畢業，進入乳業公司服務之後，就過著每天在製造現場負責專為橫田美軍基地生產茅屋起司與奶油起司的生活。在研究所寫博士論文的時候，我把焦點放在當凝乳酵素的凝乳酶產生凝乳現象時，主要的蛋白質——κ－酪蛋白的聚醣結構的解明。之後不管是在私立大學任教，甚至是轉到母校東北大學與學生一同實習，我依舊把重心放在高達起司的製作上，至今已超過三十個年頭。儘管研究了這麼久，起司仍就是永無止盡的謎題，但我還是希望能多少再更了解一些，因此今後也會持續研究下去。

最後，我要在此向Blue Backs叢書系列的山岸浩史先生聊表謝意，謝謝他在這本書出版時，在企劃及編輯業務方面的諒解並且鼎力協助。

也希望各位讀者白天能夠用自己喜歡的起司做成三明治，當作午餐好好享用，晚上挑一瓶適合搭配起司的好酒（除了葡萄酒，還可以選擇啤酒、威士忌，甚至是日本酒！）一邊乾杯，一邊享受健康快樂的人生。這就是身為作者的我期望的額外驚喜。

2016年11月

齋藤忠夫

参考資料

『チーズ博士の本』仁木　達著　地球社（１９７４年）
『チーズの本』クリスチャン・ブリュム著　柴田書店（１９７９年）
『チーズの話』新沼杏二著　新潮社（１９８３年）
『新説チーズの科学』中澤勇二・細野明義編著（株）食品資材研究会（１９８９年）
『チーズ工房』クレインプロデュース編集　平凡社（１９９５年）
『チーズ』チーズ＆ワインアカデミー東京監修　西東社（１９９６年）
『チーズ』キャロル・ティムパーリー、セシリア・ノーマン著　ソニー・マガジンズ（１９９６年）
『チーズのある風景』和仁皓明著　出版文化社（１９９６年）
『牛乳乳製品』中澤勇二監修　江上栄子料理　宮城県歯科医師国民健康保険組合（１９９７年）
『チーズを楽しむ生活』本間るみ子著　河出書房新社（１９９８年）
『食品・調理・加工の組織学』田村咲江監修　学窓社（１９９９年）
『チーズで巡るイタリアの旅』本間るみ子著　駿台曜曜社（１９９９年）
『チーズ』中川定敏監修　新星出版社（２０００年）
『牛乳読本』土屋文安著　ＮＨＫ出版（２００１年）
『チーズ図鑑』文藝春秋編　文春新書（２００１年）
『発酵食品への招待』一島英治著　裳華房ポピュラーサイエンス（２００２年）
『おいしいチーズの事典』村山重信監修　成美堂出版（２００２年）
『チーズの選び方、楽しみ方』本間るみ子監修　主婦の友社（２００３年）
『発酵は力なり』小泉武夫著　ＮＨＫライブラリー（２００４年）

『牛乳と健康』（社）全国牛乳普及協会　牛乳・乳製品健康づくり委員会（２００４年）
『チーズ事典』村山重信監修　日本文芸社（２００５年）
『アミノ酸の科学』櫻庭雅文著　講談社ブルーバックス（２００６年）
『チーズのソムリエになる』久保田敬子著　柴田書店（２００６年）
『ワインの科学』清水健一著　講談社ブルーバックス（２００６年）
『タンパク質・アミノ酸の科学』岸恭一・西村俊英監修（社）日本必須アミノ酸協会編　工業調査会（２００７年）
『まだある』（食品編その２）初見健一著　大空出版（２００７年）
『エスクファイア日本版』21　１１６－１４７（２００７年）
『C.P.A.チーズプロフェッショナル教本２００８』ＮＰＯ法人チーズプロフェッショナル協会　飛鳥出版（２００８年）
『現代チーズ学』齋藤忠夫・堂迫俊一・井越敬司共編（株）食品資材研究会（２００８年）
『手つくりバター&チーズの本』フルタニマサエ　日東書院（２００８年）
『食でつくる長寿力』家森幸男著　日本経済新聞出版社（２００８年）
『北海道チーズ工房めぐり』吉川雅子著　北海道新聞社（２００９年）
『C.P.A.チーズプロフェッショナル教本２０１５』ＮＰＯ法人チーズプロフェッショナル協会　飛鳥出版（２０１５年）

索引

國家圖書館出版品預行編目資料

起司的科學：起司為何可以變化自如?了解起司的發酵熟成與美味的祕密 / 齋藤忠夫著；何姵儀譯. -- 初版. --
臺中市：晨星, 2019.03
面；　公分. --（知的！；144）

譯自：チーズの科学 ： ミルクの力、発酵・熟成の神秘

ISBN 978-986-443-841-9（平裝）

1.乳品加工 2.乳酪

439.613　　108000048

知的！144

起司的科學：

起司為何可以變化自如？了解起司的發酵熟成與美味的祕密

チーズの科学　ミルクの力、発酵・熟成の神秘

作者	齋 藤 忠 夫
内文插圖	玉 城 雪 子
内文版型	さ く ら 工 芸 社
譯者	何 姵 儀
編輯	黃 雅 筠
校對	黃 雅 筠
封面設計	陳 語 萱
美術設計	陳 柔 含
創辦人	陳銘民
發行所	晨星出版有限公司 台中市407工業區30路1號 TEL：04-23595820　FAX：04-23550581 E-mail：service@morningstar.com.tw 行政院新聞局局版台業字第2500號
法律顧問	陳思成律師
初版	西元2019年3月15日 初版1刷
總經銷	知己圖書股份有限公司 106台北市大安區辛亥路一段30號9樓 TEL：02-23672044 / 23672047　FAX：02-23635741 407台中市西屯區工業三十路1號1樓 TEL：04-23595819　FAX：04-23595493 E-mail：service@morningstar.com.tw 網路書店 http://www.morningstar.com.tw
讀者專線	04-23595819#230
郵政劃撥	15060393（知己圖書股份有限公司）
印刷	上好印刷股份有限公司

定價350元

ISBN 978-986-443-841-9